智慧能源
——我们这一万年

刘建平　陈少强　刘涛　著

中国电力出版社
科学技术文献出版社

内 容 提 要

本书用第一人称"我们"作为历史的人类、现实的人类和未来的人类的总代表，以能源形式的改进和更替为基本主线，从大历史、跨学科的宽广视角，在对能源、科技、环境，以及人类文明发展进程进行立体观察，揭示能源更替与文明演进客观规律的基础上，认真思考我们何以陷入又将何以走出现实困局，大胆畅想未来的能源形式与文明形态的辉煌图景。本书可供关注能源、环境、经济以及人类生存和发展的广大读者阅读。

图书在版编目（CIP）数据

智慧能源：我们这一万年 / 刘建平，陈少强，刘涛著 . —北京：中国电力出版社：科学技术文献出版社，2013.6（2016.5重印）
ISBN 978-7-5123-4291-0

Ⅰ . ①智… Ⅱ . ①刘… ②陈… ③刘… Ⅲ . ①能源－普及读物 Ⅳ.①TK01-49

中国版本图书馆CIP数据核字（2013）第097379号

出版发行：	中国电力出版社	
	科学技术文献出版社	
社　　址：	北京市东城区北京站西街19号	邮编：100005
	北京市复兴路15号	邮编：100038
网　　址：	http://www.cepp.sgcc.com.cn	
	http://www.stdp.com.cn	
印　　刷：	北京盛通印刷股份有限公司	
经　　销：	新华书店	
版　　次：	2013年6月第一版	
印　　次：	2016年5月北京第三次印刷	
开　　本：	787毫米×1092毫米　16开本	
印　　张：	13	
字　　数：	223千字	
定　　价：	65.00元	

序

20世纪50年代，卡尔森写了《寂静的春天》这本书，引起了人们对环境问题的重视。联合国在20世纪80年代正式提出了可持续发展的概念，并且逐渐受到世界各国的重视，也成为涉及人类存亡的重大问题。人类经过了几千年的农业文明和几百年的工业文明，即将迎来的是知识社会，在知识社会中需要一种新的文明——节约资源，保护生态，人与自然和谐相处的生态文明。党中央提出以人为本，全面协调可持续的科学发展观，正是对这样的文明即将到来的有力响应。不久前闭幕的党的十八大发出了建设生态文明、建设美丽中国的号召，必将会进一步引起全社会对能源和环境问题的重视。

如果说资金是经济的血液，那能源就是经济的食粮，二者对国家经济和社会的发展都是不可或缺的。长期以来，人类主要依靠煤炭、石油、天然气等化石能源来维持经济和社会的发展，但是由于化石能源是不可再生的，最终总有枯竭的一天；而且由于使用化石燃料导致二氧化碳等温室气体大量排放所造成的全球气候变暖，已成为当前人类生存和发展所面临的最大威胁，因此近年来新能源成为一个热门的话题，受到许多国家政府和社会的重视。

对新能源现在也有各种各样不同的定义，例如"绿色能源"、"可再生能源"、"低碳能源"等，其含义不尽相同。我认为新能源可以有两类定义，狭义的新能源包括风能、太阳能、潮汐能、地热能、生物燃料等以前没有广泛利用的能源；广义的新能源则还包括核能、水能，甚至还包括清洁煤技术。

在全球金融危机之后，世界各国都要寻找新的经济增长点，要采取新的发展方式。我认为新能源肯定是一个新的经济增长点。从更广的历史视野看，人类经过的前三次产业革命，分别是以蒸汽机、电力和计算机为引领，每一次产业革命都使得世界的产业发展水平提高一大步，而且都会使消费者受益。因此我在几年前就已经提出，第四次产业革命将是由新能源引领的能源革命。

西方国家对未来的看法一直主导着全球的舆论导向，中国人在21世纪也应有影响世界的声音和看法。在能源这种对世界具有根本影响作用的问题上提出重要的系统看法是非常有意义的。我认为将新能源、环境、经济发展、社会进步、中国以及全球连为一个整体而形成一个能源革命的提法与系统思考是相当有意义的。

基于这一观点，当与我素昧平生、分别出生于20世纪60年代、70年代和80年代的三位中青年作者通过我的秘书请我为他们的新著——《智慧能源——我们这一万年》一书作序时，尽管我年事已高，杂务不少，但在浏览完书稿后，还是同意命笔了。

本书作者们提出的"智慧能源"，其定义为"在能源开发利用、生产消费的全过程和各环节融汇人类独有的智慧"，"拥有自组织、自检查、自平衡、自优化等人类大脑功能，满足系统、安全、清洁和经济要求的能源形式"。作者们从大历史观出发探讨了能源与文明这一人类共同关注的话题，对智慧能源与人类发展进行了思考和探索。三位作者尽量努力做到理论联系实际，论点与论据相结合，由浅入深，图文并茂，也给这类"准学术著作"带来了一股清新的文风。

三位作者在本书中提出的一些观点，例如智慧能源是以能源形式为载体，但又不局限于能源形式，而是能源形式、能源技术和能源制度的结合；智慧能源体现了人类的智慧，正是这种智慧，支撑了人类文明前行，正在建设中的生态文明以及未来更高级的文明，都离不开智慧能源的支撑；人类不同的文明形态对能源也有不同的要求，未来更高级的文明形态必然要求更高智慧的能源作为保障，等等。尽管仅是一家之言，但"仁者见仁，智者见智"，这种关于能源的系统思考，确实是一次有益的尝试。

最后我想指出，我国新能源发展态势是可喜的，但也面临着严峻的挑战。这个挑战源于几个方面：一是我国目前对于整个新能源的发展还缺乏一个周密、细致的规划，对于新能源发展的争论也比较多；二是在关键技术上掌握得还不多，自主创新太少；三是目前新能源成本普遍较高；四是我国目前对化石能源的依赖度高达90%左右，这种状况在短期内难以改变，而公众都渴望尽快解决雾霾等严重的环境问题。因此我国发展新能源一定要踏踏实实，冷静地思考，防止过分炒作，应当从技术、经济、政治这三个层次上推动我国能源与环境的协调发展，方向要坚定，步伐要稳健。

我希望本书的出版能够引起各方面的有识之士对能源问题的关注与思考，为努力解决能源和环境这两个制约我国今后发展的重大问题而努力做出贡献。

成思危

2013年3月5日于北京

目 录 Contents

蹒跚走来：我们的这一万年

　　人类降临世间，历经悠悠岁月。在这无尽的历史长河里，我们不断熟悉、适应、认识大自然，逐步发现和利用火，开始掌握顺天应地又能够改天换地的法宝——能源，并借此在各自的聚居地收获无数光荣与梦想，我们的共同命运得以不断改写和超越。特别是在有文字记载以来不足一万年的岁月里，能源衍化为动力与纽带，化四海之隔阂，融五洲为整体，铸就了人类文明的瑰丽传奇。

1 追问生命的由来

我们何以来？我们何所往？不管有意还是无心，这都是我们曾经共同仰望星空苦苦思索而难以求解的终极问题。

地球围绕太阳旋转，太阳是银河系中上百亿颗恒星中的一颗，而银河系又是宇宙几百万个星系中的一个——这就是我们地球所处的位置。按照宇宙大爆炸理论推测，宇宙、太阳、地球分别形成于约150亿、50亿、45亿年前。关于生命的起源，不仅存在着宗教与科学两方面的解释，科学界内部也存在着地球自生说和外界帮助说的争论。现实的结论是地球上奇迹般地出现了生命，并不断由简单向高级演化，呈现出多种多样、多姿多彩的生物圈。

如果说地球上出现生命是个奇迹，那么人类的出场简直就是个神话与难解之谜。自远古起，就有了关于人类起源的不同传说，然而，迄今仍没有最令人信服的解释。虽然关于人类如何诞生一直未有定论，但达尔文的进化论已为多数人所接受，即认为人类是从古猿进化而来：起初，在低等猿类中产生了一种类人猿，后来在大约600万年前，"人猿相揖别"❶，各奔前程，从此走上了各自的进化之路——人类，就此闪亮登上地球绚烂多姿的生命舞台。

2 探寻文明的脉络

我们与万物共同生活在地球这同一个村落。在斗转星移、沧海桑田的悠悠岁月中，人类不仅经历了能人、猿人、古人和新人的艰难转变，而且也步履蹒跚地从蒙昧、野蛮走向文明。

"只几个石头磨过，小儿时节。"❷人类文明的产生经历了长达400万年的漫长准备期。特别是在旧石器时代，我们的祖先创造了石器打制技术、人工取火技术和有声语言，这些分别被看作是当今机器制造技术、能源转化技术和信息技术的雏形与源起，也正是这三大技术的发明与演化，为文明的起源和发展奠定了基

---

❶、❷ 参见毛泽东《贺新郎·读史》。

础。而火的使用对人类掌握能源这一法宝有着极其特殊的意义："摩擦生火第一次使人支配了一种自然力，从而最终把人同动物界分开。"人类凭什么成为万物之灵？就是因为掌握了工具，支配了能源。就在我们的祖先摸索着敲击燧石或钻木采集出微弱火种的那一偶然却又必然的瞬间，人类接受了自然的遴选与礼赞，跻身为天地智慧所钟爱的万物灵长。

人类文明产生过程的重要转折点在新石器时代，农业发明成为其产生的加速器。由于农作物生长具有周期性，于是一部分居住在条件适宜区域的人类由游牧转为定居，劳动生产率大大提高。由于能够生产出超过维持生存所需的剩余产品，于是出现了商品交换，并由此产生了私有财产和私有制。由于社会产品剩余能够养活更多人口，于是促成了社会分工，产生了不同的社会群体和不同的利益集团。由于因利益分配产生纠纷和争夺，于是军事民主制应运而生。由于军事民主制下的战争更加频繁，军事首长和氏族贵族逐渐从平等的氏族成员中脱离出来，并谋取全部权力，随之建立起相应的强大统治机构，于是国家就此产生。早期人类文明犹如破晓的晨曦，最先照耀在东经20度至东经120度，北纬20度至北纬40度之间的扇形区域内，覆盖了两河流域、尼罗河流域、长江黄河流域、印度河流域和爱琴海沿岸。

3 铸就辉煌的基石

自从约6000年前产生了早期文字和书写，人类便进入了有文字记载的文明史。此前的人类历史通常称为史前史，一般以千年为单位，而文明史的纪年单位不断缩小，逐渐变成以百年甚至十年计。同人类诞生与生命起源一样，人类文明史与史前史相比也是如此短暂。进入文明史以来，人类文明并不是在同一条起跑线按同一个速度进行，各个地区的文明基本上是孤立存在、独立发展，直到公元1500年以后，西方首先以风力帆船，然后通过蒸汽轮船探索海洋，开启了"大航海时代"，将已经有人居住的和可以有人居住的世界连成了一个密不可分的整体。从此地球上的人类文明开始告别农耕文明，步入工业文明，并逐渐过渡到信息文明的崭新时代。

工业文明以来，重大科技发现和发明不断涌现，彻底改变了人类的生产生活方式。18世纪后半叶，英国人发明了蒸汽机，从此煤炭替代了木材，这是继钻木

❶ 《马克思恩格斯选集》第3卷，人民出版社，1995年。

取火之后，人类能源形式的又一次伟大变革。随后发明的内燃机让石油替代了煤炭，大幅度提高了生产效率，现在得以普及的飞机、汽车都是离不开内燃机的杰作。西门子发电机的问世，具有像瓦特发明蒸汽机一样的划时代意义。电能的发明和利用，为人类文明提供了巨大的动力，各种各样的现代化通信工具不断涌现，铸就了灿烂辉煌的现代信息文明。

4 开启未来的引擎

煤炭、石油、电能的发现和使用，在带来了前所未有的经济繁荣的同时，也使现代社会产生了对化石能源的严重依赖。近一个世纪以来，对化石能源的高强度开发利用，产生了一系列严峻问题：气候变暖、极端气候已可感受，环境破坏、河流枯竭随处可见，资源紧张、能源纷争愈演愈烈……

破解上述难题，仰赖于科技的创新与突破，更仰赖于人类生产消费方式乃至社会制度的根本变革。这是严峻的挑战，更是艰巨的使命，生活在地球村落里的我们，都肩负着不可推卸的责任。为此，我们应该携手合作，团结一致，共同应对，攻坚克难，才能顺利实现人类文明的存续和发展。这既是人类的共同利益，也是人类的共同道义。

回首我们这一万年，满载光荣与梦想，奇迹与辉煌，壮怀激烈；回首我们这一万年，充斥艰辛与苦难，挫折与忧伤，感慨良多。这一万年：我们的祖先，在懵懂间取得火，用它在人与其他生物之间划开了不可逾越的鸿沟，借此把自己推上万物之灵的宝座；我们的祖先，以牛马役力耕田犁地，用水车风磨灌溉加工，藉以繁衍生息，绵延不绝；我们的祖先，用煤和蒸汽机开启了工业革命的伟大时代，高歌猛进，一往无前；我们的祖先，又用夺目的电，挥洒出信息社会的宏图画卷，日新月异，璀璨夺目。

在这一切之中，能源的身影无处不在：它既是为人类带来光明和温暖、前进与发展动力的精灵，也是不时给我们招致苦难与伤痛、停滞与毁灭恐惧的幽灵，在文明的每一幕都扮演着无可替代的主角，推动着历史巨轮滚滚向前。能源与文明相生相伴，相辅相成，也在随着人类智慧不断积累和发展而不懈改进与更替，柴薪、畜力、风力、水力、煤炭、石油和电力等等，为我们一路前行提供了源源不断的动力，走过远古采猎文明、古代农耕文明、近代工业文明，步入现代信息文明——明天，又将是一种什么样的能源形式，为我们开启未来的引擎，迎接灿烂生态文明的到来？

第一篇
走近能源：我们前行的动力

　　自古至今，能源始终伴随着我们全部的生命历程，为我们的生存与生活提供着各种形式的动力。现代社会更离不开煤炭、石油、天然气和电力，没有人会对其感到陌生。然而，能源离我们又是那么地遥远和陌生，在为我们提供便利的同时，又经常使我们陷入困扰乃至苦痛。让我们一起走近能、能量和能源的世界，看看它们为何同源异曲，有何变脸之术，又是怎样与我们的生活如影随形。

1 同源异曲：能、能量与能源

1.1 能

能一般指能耐、能力和本领，而在物理学中，一个物体能够对外做功❶，则称这个物体具有能，或说这个物体有做功的能力。能是一个动态的概念，物质的不同运动形式对应着不同形式的能，而且不同形式的能之间可以相互转化。

关于能的分类在学术界还存在争议，但从人类开发利用的顺序来看，可以划分为以下几种主要类型：辐射能、机械能、化学能、分子能、电磁能和原子能。随着认识的深入和科学技术的发展，我们还可能会发现能的更多形式，因此以上划分可能还会发生变化。

辐射能是人类最早利用的能的形式，太阳光的辐射就是其中一种最常见和最重要的类型。我们在没有充分认识辐射能之前，就已经在不知不觉地利用它了。

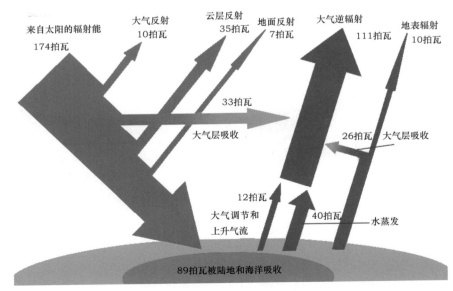

↑ 来自太阳的辐射能大约有一半可以到达地球表面

---

❶ 做功是指能由一种形式转化为另一种形式的过程，是力学中的一个重要概念。当一个力作用在物体上，并使物体在力的方向上运动了一段距离，力学中就说这个力对物体做了功。

地球表面绝大部分的生物都处在太阳的辐射之下，而且这些辐射能在漫长的时间里以各种形式储存起来，等待着人类日后的开发和利用。

机械能是动能和势能的总称，也是人类较早认识的能的形式之一，与整个物体的机械运动情况及相对位置有关。动能是物体由于运动而具有的能，决定动能的是质量与速度。势能是物体由于具有做功的形势而具有的能，包括重力势能和弹性势能。物体由于被举高而具有的能叫做重力势能，决定重力势能的是高度、质量和重力系数；物体由于发生弹性形变而具有的能叫弹性势能，决定弹性势能的是弹性系数与形变量。机械能在生活中应用广泛，各类水电站就是利用水的势能和动能，带动发电机发电，举起重锤打桩运用的是重力势能，而射箭运用的是弹性势能。

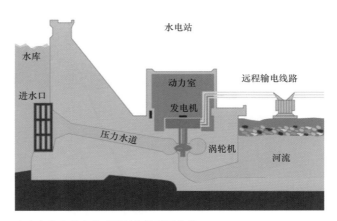

↑ 水力发电是人类对机械能的重要应用

化学能是物体经由化学反应所释放的能，比较隐蔽，蕴含在各种物质中。化学能不能直接用来做功，只有在发生化学变化时才释放出来，转化为其他形式的能。物质燃烧，炸药爆炸，生物的呼吸作用、光合作用以及食物在体内各种消化酶的作用下发生化学变化释放出的能，都属于化学能。

↑ 燃烧是一种剧烈的化学反应，并伴随着大量热能产生

分子能是指物体内部所有的分子做无规则运动（也称热运动）的动能和分子相互作用的势能之和，也称内能。与机械能不同，物体的内能大小与物体内部分子的热运动以及分子间的相互作用情况有关，属于微观层次。分子做热运动的动能也称热能，物体温度越高，内部分子做热运动的速度越快，其热能就越大。在有些情况下，也可用热能代替分子能（内能）。

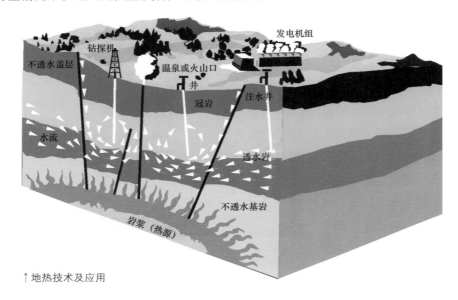

↑地热技术及应用

电磁能指电磁场所具有的能，是电场能与磁场能的总和。电磁场（electromagnetic field）是一种由带电物体产生的一种物理场，由于电磁场对电荷有洛伦兹力作用❶，所以电磁能可以通过场对运动电荷做功而转化成其他便于利用的能。电能是电磁能的主要形式，日常生活中，水力发电、火力发电、风力发电等，都是利用这一原理，通过各类发电机里的金属线圈和电磁场的相对运动从而产生电能的。

↑上海磁悬浮示范运营线的列车，靠悬浮力（即磁的吸力及排斥力）来推动

❶ 荷兰物理学家洛伦兹（1853～1928）首先提出了运动电荷产生磁场和磁场对运动电荷有作用力的观点，为纪念他，人们称这种力为洛伦兹力。

原子能是原子核中的中子或质子重新分配时释放出来的能，也称核能，分为核裂变能与核聚变能。在发现原子能以前，人们只知道世界上有机械能，如汽车运动的动能；有化学能，如燃烧酒精转变为二氧化碳气体和水时放出热能；有电能，当电流通过电炉丝以后发出热和光等。这些能的释放，都不会改变物质的质量，只会改变能的形式。直到20世纪初，科学家发现铀235原子核在吸收一个中子以后能分裂，同时释放出2~3个中子和大量的能，比化学反应中释放出的能大得多，这就是核裂变能。原子弹就是利用原子核裂变释放出的能而起到杀伤破坏作用，而核电站也是利用这一原理在安全可控的条件下获取能。氢弹利用核聚变的原理，其威力比原子弹大得多。

↑ 1945年8月6日，在日本广岛投下的原子弹"小男孩"爆炸后产生的蘑菇云

不要小看"小水滴" 🔍

水，化学式H_2O，是由氢、氧两种元素组成的无机物，在常温常压下为无色无味的透明液体，在我们的生活中到处可见，就连我们的身体也有70%的比重是水。不要小看小水滴，它可蕴含着辐射能、机械能、化学能、分子能、电磁能和原子能。如果您不相信，就让我们和小水滴来一次大自然之旅。

这是一块在喜马拉雅山沉睡千年的冰块，晶莹剔透。有一天，大风吹开了她身上的积雪，她睁开眼睛，伸了伸懒腰，想起来活动活动。她借助风力，翻了一下身子，没想到一下子就滚动起来，而且越滚越快，停不下来。原来喜马拉雅山上的冰块距离水平面有几千米，与生俱来就有强大的机械能——重力势能。随着冰块往下滚动，重力势能转化动能，使之加速运动。

还没来到山脚下，刺眼的阳光越来越火热，这块晶莹的冰块很快就融化，难道这是生命的结束？幸好没有，冰块只是吸收了阳光的辐射能，转换为自身的分子能，由于分子活动能力更强，冰块也就更活泼了，没有了原来"冷冰冰，硬邦邦"的古板形象，变成一滴温柔的小水滴。

她顺势而下，汇入一条河流，这里有好多兄弟姐妹，她们大都是从山上来，经历也大致相同。奔腾的河流带来快乐的生活，她和另外一个小水滴结为一体，并生有一男一女。

女儿来到一家工厂，人类用电能为她补充能量，把她蜕变成为更加纯洁的氢气和氧气。氢气和氧气具有化学能，在燃烧中释放出辐射能，恢复原形，同时为人类提供光明和热量，如凤凰涅槃，获得新生。

海纳百川，有容乃大，儿子来到了大海。人类在他身体中发现了氘或氚，并在超高温和高压环境中，帮助他实现了核聚变，释放出巨大的能力，成为"水中的英雄"。

离开了孩子，相守真爱的父母则化身为 H^+ 离子和 OH^- 离子，如同牛郎织女鹊桥相会，这两种离子相遇时刻又会交融成水 H_2O，相会途中 H^+ 离子和 OH^- 离子的定向运动形成了电流，为人类提供电磁能。

让我们祝愿他们全家有一天将再次团团圆圆！

1.2 能量

奔流的江河、飞翔的大雁、飘落的雪花、疾驰的骏马、绽放的焰火都具有能。能有大小或多少，为了对其进行量度，就需要使用"能量"这一概念。

在使用畜力的年代里，马车是一种重要的交通工具，由此产生了马力（Horsepower）这个古老的量度单位。这一单位由蒸汽机之父詹姆斯·瓦特[1]发明，用以表示蒸汽机相对于马匹拉力的功率，并被较精确地定义为"一匹能拉动33000磅并以每分钟1英尺[2]的速度走动的马所做的功"。随着我们对能量的需求越来越大，现在除了汽车工业提及内燃机的功率和空调的制冷效能以外，平时已很少使用马力这个单位。

针对能的不同形式，需要采用不同的量度单位。热能计量通常采用卡路里[3]（Calorie）、焦耳[4]（Joule）或者英制热量单位[5]（BTU）。电能计量一般采用瓦时（Wh）、

---

[1] 詹姆斯·瓦特（James Watt, 1736~1819），英国工业革命时期著名发明家，造出世界上第一台有较大实用价值的蒸汽机。

[2] 一英尺等于0.3048米。

[3] 在常压下，将1克水加热1℃所需要的能量被确定为1卡。

[4] 4.18焦耳等于1卡。

[5] 1英磅水加热1华氏度所需能量为1英制热量单位；1英制热量单位=1055.06焦耳。

千瓦时（kWh）、兆瓦时（MWh）、吉瓦时（GWh）、太瓦时（TWh），它们之间是千进位关系。由于电能使用十分普遍，且与其他能的形式相互转换十分便利，所以国际上为了规范统一能的计量，目前主要采用电能计量中的兆瓦时或千瓦时。

在宏观经济中，通常国际上采用标准油当量或标准煤当量来计量，1吨标准煤当量＝0.7吨标准油当量。1吨标准油当量相当于1千万千卡、418.4亿焦耳、3965万英制热量单位，或相当于11.6兆瓦时的电量。

地球——能量之球

地球本身具有重力能、旋转能、地热能，还有来自外部星体的辐射能、引力能，可以称之为能量之球。

地球的重力能，主要是指地心引力给予地球体本身的能量，可以转换成热能和动能。

地球是太阳系的八大行星❶之一，它除了围绕太阳进行公转外，本身还在不停地自转。地球自转产生的惯性离心力能够给予地球体巨大的能量，这种能量称为旋转能或动力能。有人计算这种能为2.1×10^{29}焦耳，如果换算成电能相当于全球发电总量的数亿倍。

地球内部堪称一个巨大的热库，储藏着惊人的热能。从地面至地心，随着深度的增加，温度也在不断地提高，地下2900千米处的温度可达3700℃，而地心的温度则高达4500℃。地下热能主要是由于地球内部放射性元素蜕变而产生的。

地球的外部能量，主要有太阳的辐射能和日、月的引力能。太阳辐射能是地球表面最主要的能源，也是地表水和大气运动的主要动力，能使地球表面发生风化、剥蚀而改变原来的面貌。日、月的吸引可以对地球产生作用力，也可将其转化为能量。另外，地球上有数以万计的河流不停地奔腾流淌，这也是巨大的能量。人类为了得到各种矿产资源而进行大规模开采，每年都有数亿立方米的矿物被搬动，它可改变区域性地壳平衡，并随之产生一定的能量。

由于地球持续受到以上各方面的作用，所以其能量也在不断地产生和积累，到一定程度就会释放出来。能量释放有多种形式，不同形式的能量

第一篇 走近能源：我们前行的动力

---
❶ 在2006年8月24日于布拉格举行的第26届国际天文联合会大会中通过的第5号决议中，冥王星被划为矮行星，并命名为小行星134340号，从太阳系九大行星中除名，所以现在太阳系只有八颗行星。

可以互换，如重力能可转换成热能，热能又可转换成动能等。地球能量的产生与释放，都是我们不可抗拒的，不管地球能量以何种方式释放出来，都会产生相应的后果，并且对所有生命造成多方面的影响：有时会造成巨大的破坏力改变地球的生态，有时会通过地壳运动变化产生新的矿产资源，诸如此类，不一而足。

1.3 能源

了解了能和能量之后，在追溯能的来源时就出现了能源这一概念。能的初始来源主要有三个：一是来自地球外部天体的能量，主要是太阳能；二是来自地球本身蕴藏的能量，如地热能、原子能等；三是来自地球和其他天体相互作用而产生的能量，如潮汐能等。进入现代以来，能源的概念逐渐从能的来源演变成产生能的原料和资源。实际上，能源无处不在。就热能而言，如果拿绝对零度❶作为衡量标准，几乎宇宙间所有的物体都存在温差，即使是冰也存在热能。然而，使用任何能源都存在代价，代价过大则该能源就失去了开发利用的意义，比如要利用冰中的热能来供暖，在经济上不现实。再比如深处地下数千米

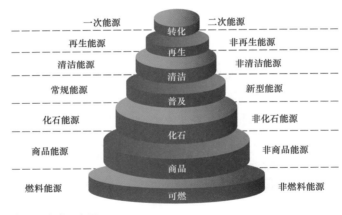

↑ 能源分类示意图

的煤层，即便技术上具备开采可行性，经济上也不允许。这些能源资源虽然大量存在，但目前对于我们来说没有利用意义。能源呈现多种具体形式，按不同分类标准，大致可以分为以下七类。

按转化与否分类：一次能源和二次能源。自然界现成存在、并可直接取得而不改变其基本形态的能源，称为一次能源，如煤炭、石油、天然气、水能、生物

---

❶ 绝对零度（absolute zero）是热力学的最低温度。在绝对零度下，原子和分子拥有量子理论允许的最小能量。绝对零度就是开尔文温度标（简称开氏温度标，记为K）定义的零点，0K等于 −273.15℃。

质能、地热能、风能和太阳能等。由一次能源经过加工而转换成另一种形式的能源产品，称为二次能源，如电力、蒸汽、焦炭、煤气以及各种石油制品等。在生产过程中排出的余热、余能，如高温烟气、可燃废气、废蒸汽和排放的有压流体等也属于二次能源。一次能源无论经过几次转换所得到的另一种能源，一般都称为二次能源。

按再生与否分类：再生能源和非再生能源。对一次能源又可以进一步加以分类，凡是可以不断得到补充或能在较短周期内再产生的能源，称为再生能源或可再生能源，反之称为非再生能源或非可再生能源。风能、水能、海洋能、潮汐能、太阳能和生物质能等是再生能源；经过千百万年时间积累形成的、短期内无法恢复的能源，如煤炭、石油和天然气等是非再生能源。地热能本属非再生能源，但从地球内部巨大的蕴藏量来看，又具有再生的性质。

按清洁与否分类：清洁能源和非清洁能源。在利用中不会产生或产生极小污染的能源称为清洁能源，反之则称为非清洁能源。清洁能源一般包括太阳能、风能等，非清洁能源包括煤炭、石油等。

按普及与否分类：常规能源和新型能源。在现阶段已经大规模生产和广泛使用的能源称为常规能源，也称传统能源，包括一次能源中可再生的水能资源和不可再生的煤炭、石油、天然气等资源。新型能源也称新能源，是相对于常规能源而言尚未大规模普及的能源，包括太阳能、风能、地热能、海洋能、生物质能以及核能等。常规能源和新型能源是相对概念，现在的常规能源过去也曾是新型能源，而今天的新型能源将来也可能会成为常规能源。19世纪初，蒸汽机刚开始使用时，煤炭就是那时的新型能源；19世纪末，内燃机发明时，石油就是当时的新型能源；20世纪50年代，核能刚被利用时，也被称为新型能源，而随着科学技术进步，现在世界上很多国家正在建造核电站，工业发达国家已把核能看成是常规能源了，但在发展中国家仍把它算作新型能源。

按化石与否分类：化石能源和非化石能源。化石能源由古代生物的化石沉积而来，如煤炭、石油和天然气等。科学家推断它们是千百万年前靠近海岸的微生物或动植物残骸大量淤积在海底，后来经过地壳的变动逐渐被埋藏在地底下，再经过细菌的分解及长期在高压、高温的作用下产生了化学变化而变成构造复杂的碳氢化合物❶。除化石能源之外的都是非化石能源，包括水能、太阳能、生物质能、风能、核能、海洋能和地热能等。

❶ 仅由碳和氢两种元素组成的有机化合物称为碳氢化合物，又叫烃。

按商品与否分类：商品能源和非商品能源。凡进入能源市场作为商品销售的均为商品能源，如煤炭、石油、天然气和电力等。反之则是非商品能源，如薪柴和秸秆等农作物残余。

　　按可燃与否分类：燃料能源和非燃料能源。作为燃料使用，主要提供热能的称之为燃料能源，如泥炭和木材等。与之相对的称为非燃料能源，如水能、风能、地热能和海洋能等。

认祖归宗——能源的族谱

　　《能源百科全书》解释："能源是可以直接或经转换提供人类所需的光、热、动力等任一形式能量的载能体资源。"当今世界，与"能"相关的事物不胜枚举，"能"的形式不拘一格，分类错综复杂，想认清来龙去脉，我们只能在能源的族谱入手寻找她们的渊源。

　　从电的部落说起吧。电灯、电话、电脑、电冰箱、电风扇、电动车都用电，那电的来源在哪里呢？我们沿着输电线，找到了发电厂。不过这里兄弟众多，有水力发电厂、火力发电厂、风力发电厂、地热发电厂、潮汐能发电厂、核能发电厂等，还得分头寻找了。

　　水力发电的能源来自于高处具有重力势能的水，高处的水往下流过水轮机，将水能转换成机械能，水轮机的转轴又带动发电机的转子，将机械能转换成电能。"君不见黄河之水天上来，奔流到海不复回"。上游的水为什么会源源不断呢？原来，地球上的水受到太阳光的照射后，就变成水蒸气被蒸发到空气中去了，在高空遇到冷空气便凝聚成小水滴，被空气中的上升气流托在空中聚成了云，慢慢变成雨或雪，又为江河或冰川补充了水源。火力发电的能量来自煤、石油等化石燃料，其根源是动植物通过光合作用收集太阳能，再经过漫长的地质作用演变而成。风力发电的能源来自风，风的根源也是由太阳对大气辐射热引起的对流。看来，火电、水电和风电的祖宗都是"太阳公公"。

　　地热发电是利用地下热水和蒸汽为动力源的一种新型发电技术，其基本原理与火力发电类似，首先把地热能转换为机械能，再把机械能转换为电能。地热能是从地壳抽取的天然热能，这种能量来自地球内部的熔岩，并以热能形式存在。由此可见，地热发电的祖宗是"土地爷爷"。

潮汐能发电利用了潮涨和潮落形成海水的势能。这一势能来源于月球引力的变化引起潮汐，导致海水周期性地涨落及潮水流动所产生能量。不难发现，潮汐能发电的祖宗是"月亮女神"。

核能发电的能源是核燃料，核燃料在核反应堆中通过核裂变或核聚变产生实用核能。铀235、铀238和钚239是能发生核裂变的核燃料。铀235存在于自然界，1千克铀235完全裂变时产生的能量约相当于2400吨煤。对于核燃料，我们只知道他们的今生，不知他们的前世，也许他们的祖宗就在我们的身边。

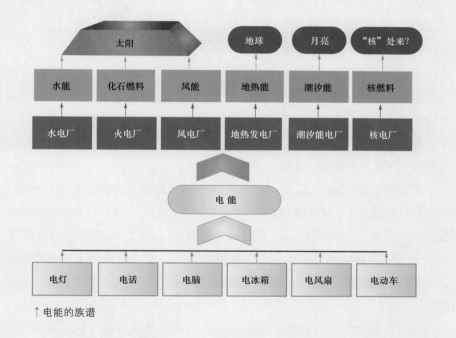

↑电能的族谱

能源家族成员众多，对于他们的来历我们不一一尽数，如果你有兴趣了解更多他们的身世，那就按照上面的方法顺藤摸瓜，寻找答案吧。

2 变脸之术：能量转换及其规律

2.1 能量的转换方式

在现实生活中，能和能量两个概念没有必要严格区分，甚至学术用语中几乎把二者视为等同的概念，下文将直接使用能量一词来统称能和能量。

能量的形式必须进行有效的转换才能为我们所利用。将能量进行空间转换，就是能量的传输；将能量进行时间转换，就是能量的储存。此外，能量还能进行形式的转换，瞬间实现"变脸"。利用能源的过程就是能量转换和传递的过程。尽管能量的表现形式千差万别，但是每种能量都能采用不同的方法来测量，这样就能知道有多少能量由一种形式转换为另一种形式。

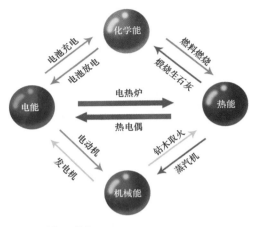

↑ 能量的相互转换

汽车行驶是由发动机（内燃机）的汽油通过燃烧将化学能转换为热能，热能通过汽缸转换为机械能带动汽车运动，因此汽车运动的能量来源是石油。如自行车运动是由人的体能即肌力来脚踩踏板产生机械能，从而获得动力而运动的，而人的体能是由吃的食物经过消化而产生的。食物是动物的能量来源，总的来说，没有能源就无法产生能量，也就不会有动力产生。

很多能量经过转换产生的动力所起的作用，是凭人力做不到的。例如1吨煤可以使一列火车1小时开动约100千米，这相当1万人2至3天的劳动量，即使劳动量一样，但人力的速度远远赶不上火车的速度。同理，人造卫星也是靠非人力的能源形式转换才能遨游太空。一种能量形式是否可以转换为另一种能量形式，需要特定的设备或系统、达到一定的转换条件，其关键在于工程技术上的可行性。

电能可以方便、高效地转换为其他能量形式，是最便利、最普遍的二次能源。把煤、石油和天然气等一次能源转换为电能一般需要经过3个步骤：从燃料到热能、从热能到机械能、从机械能到电能。在转换过程中，能量会从系统边界泄漏出去，特别是能量转换产生的热能，会通过辐射、导热等传导方式从发动机、电线和热水罐等泄漏出去。能量形式的转换必然导致一定的损失，因此转换效率十分重要。日常生活中的能量转换主要包括以下几种情况：

电能转换。转换为热能，一般通过热电阻，如家用的电热炉，是在热阻丝内通过大量电流使其产生大量热能。转换为机械能，通过机械能转换为电能的逆向转换，可以在电机中使电能轻松转化为机械能，如电动机。转换为化学能，"充电"是给蓄电池等设备补充电能，使蓄电池中活性物质恢复化学能。

机械能转换。转换为电能，通过切割电磁圈的磁感线，可以使机械能转化为电能，如发电机[1]。转换为热能，通过摩擦可以使物体产生热量，如点火柴的时候，通过快速滑动火柴，摩擦产生的热量引燃火柴头的火药。

热能转换。转换为电能，利用温度差产生电势，如测温仪器热电偶，就是利用两种不同材料的导体，组成闭合回路，当结合点两端的温度不同时，回路中就会有电流通过，产生电能。转换为机械能，加热水，使水产生水蒸气，进而通过水蒸气来驱动机械产生机械能，自从蒸汽机发明以来，我们一直沿用这个方法进行热能向机械能的转换。转换为化学能，将石灰岩在通风的石灰窑中烧至900℃以上即可得到生石灰，储存的能量在生石灰遇到水的时候快速释放出来。

化学能转换。转换为电能，通过化学反应使得正电子和负电子分别在阳极和阴极汇聚能够产生电能，这也是电池的充电过程。转换为热能，燃料过程中产生的热量就是化学能转换为热能的例子。

专栏

迈尔——能量如何转换？

能量转换与守恒定律是19世纪自然科学的三大发现之一，而最早发现能量转换的却是个"疯子"医生。这个被称为"疯子"的医生名叫迈尔[2]，1840年开始在德国汉堡独立行医。他对万事总要问个为什么，而且必亲自观察、研究、实验。

1840年，他作为一名随船医生跟着一支船队来到印度。一日，船队在加尔各达登陆，船员因水土不服都生起病来，于是迈尔依老办法给船员们放血治疗。在德国，医治这种病只需在病人静脉血管上扎一针，就会放出一股黑红的血来，可在这里，从静脉里流出的仍然是鲜红的血。于是，迈尔开始思考：

↑ "疯子"医生迈尔

---

[1] 发电机（electric machinery，也称"马达"）是指依据电磁感应定律实现电能转换或传递的一种电磁装置。

[2] 迈尔（Julius Robert Mayer，1814~1878），德国汉堡人，医生、物理学家，发现并表述了能量转换与守恒定律。

人的血液之所以是红的，是因为里面含有氧，氧在人体内燃烧产生热量，维持人的体温。这里天气炎热，人要维持体温不需要燃烧那么多氧了，所以静脉里的血仍然是鲜红的。那么人身上的热量到底是从哪来的？顶多500克重的心脏，它的运动根本无法产生如此多的热并维持人的体温。那看来体温应该是靠全身血肉维持的，血肉又是靠人吃的食物而来，不论吃肉吃菜，都一定是由植物而来，而植物是靠吸收太阳的能量而生长的。太阳的光和热又是从何而来呢？如果太阳是一块煤，那么它当然不可能燃烧如此之久。那一定是有别的原因，太阳的光和热一定源于我们未知的能量。他大胆地推测，太阳中心约有2750万度的高温（现在我们知道是1500万度），因此具有巨大的能量！迈尔越想越多，越想越深，最后归结到一点：能量如何转换？

他一回到汉堡就写了一篇《论无机界的力》，并用自己的方法测得热功当量❶为365千克米/千卡。他将论文投到《物理年鉴》，却不被接受，只好发表在一本名不见经传的医学杂志上。

他到处发表演说："你们看，太阳挥洒着光与热，地球上的植物吸收了它们，并生出化学物质……"可是就连物理学家们也不相信他的理论，很不尊敬地称他为"疯子"。到后来，甚至迈尔的家人也怀疑他疯了，竟然要请医生来医治他。迈尔不仅在学术上不被人理解，而且又先后经历了生活上的折磨：幼子逝世，弟弟也因革命活动受到牵连。在一连串的打击下，迈尔于1849年从三层楼上跳下，自杀未遂，却造成双腿伤残，从此成了跛子。随后他被送到哥根廷精神病院，遭受了8年的非人折磨。

直到1858年，世界才重新发现了迈尔，认识到他的理论的价值。晚年的迈尔可说是苦尽甘来，他从精神病院出来，被瑞士巴塞尔自然科学院授为荣誉博士，然后又获得英国皇家学会的科普利奖章，还先后获得了德国蒂宾根大学的荣誉哲学博士、意大利都灵科学院院士的称号。虽然最终完成能量转换定律的并不是迈尔，可这个在当时因其超越了时代的理论而不被承认的伟大物理学家和医生，一直在用生命坚守真理，以此赢得了后人的尊敬与怀念。

---

❶ 热功当量，指热量以卡为单位时与功的单位之间的数量关系，相当于单位热量的功的数量。现在在国际单位制中规定热量、功统一用焦耳作单位，热功当量已失去意义。

2.2　能量转换与守恒定律

能量转换与守恒定律又称热力学第一定律、能量不灭定律，即能量既不会凭空产生，也不会凭空消失，只能从一种形式转换为其他形式，或从一个物体转移到其他物体，在这一过程中其总量不变。不论什么时候，一种形式或一个物体的能量减少了，其他形式或其他物体就会增加同样数量的能量。在一个系统中不论发生渐变还是骤变，只要没有能量进入或者离开这个系统，那么系统内部各种能量之和将不发生变化。尽管能量转换与守恒的发现是人类对自然科学规律的认识逐步积累到一定程度的必然事件，但仍然是曲折艰苦和激动人心的。

从19世纪初开始，以蒸汽机的广泛应用为标志的工业革命席卷欧洲，可是那时并未知晓热能与机械能的转换原理，也尚未建立关于热能与机械做功的理论，工程师们主要是凭经验在进行摸索。1824年，卡诺❶提出了理想热机❷理论，奠定了热力学的第一个理论基础。

1840年，上面专栏介绍的德国医生、物理学家迈尔在研究人体内化学能与热能的转换问题时，得出"如果人体各种形式的能的输入、支出是平衡的，那么所有这些能在量上必定是守恒的"结论。1842年，迈尔把这一结论拓展到了人体以外，表达了物理化学过程中能量守恒的思想。

1840年，焦耳❸通过实验给出了电能转化为热能的定量关系。1843～1847年，焦耳设计并进行了一系列巧妙的实验，测得了机械做功、电能、热能之间能量转换的全过程，并第一次给出了热功当量的数值。焦耳的实验和热功当量的测定表明：自然界的能是不能被毁灭的，热只是能的一种形式。1843年，焦耳在《哲学杂志》上发表了他测量热功当量的实验报告，热功当量值是423.9千克米/千卡，即每千卡的热能可以转化为423.9千克米的机械能，但是并没有马上得到科学界的承认。

1847年，德国物理学家亥姆霍兹❹在《论力的守恒》一书中，首先以数学形式表达了孤立系统中机械能的守恒，继而把能量概念推广到热学、电磁学、天文学

第一篇　走近能源：我们前行的动力

---

❶ 卡诺，全名萨迪·卡诺（Sadi Carnot，1796～1832），法国工程师、热力学的创始人之一，提出了"理想热机"。

❷ 理想热机，又称卡诺热机，是理论中一切工作于相同高温热源和低温热源之间的热机中效率最高的热机。

❸ 焦耳，全名詹姆斯·普雷斯科特·焦耳（James Prescott Joule，1818～1889），英国物理学家，在热学、热力学和电学方面有很大贡献。

❹ 亥姆霍兹（Hermann von Helmholtz，1821～1894），德国物理学家、数学家、生理学家和心理学家。

和生理学领域，系统、严密地阐述了能量的各种形式相互转换和守恒的思想。

1853年，焦耳发表了能量转换与守恒定律。该定律是自然科学内在统一性的第一个伟大证据，为各种能源动力机械的技术进步提供了理论基础，并彻底打破了当时流行的"永动机"幻想，促进了工业革命的发展。这一定律揭示了物质世界不同运动形式的普遍联系，也揭示了自然科学各个分支之间惊人的普遍联系，自1860年被人们普遍接受后，成为我们认识世界、改造世界最普遍适用的有力武器。

专栏

永动机"永不休"？ | 🔍

↑达·芬奇的永动机模型

永动机的概念发端于印度，在公元12世纪传入欧洲。欧洲最早、最著名的永动机设计方案由13世纪时亨内考❶提出，随后永动机研究和发明的人不断涌现。

文艺复兴时期，达·芬奇❷（Leonardo da Vinci，1452~1519）造了一个永动机装置。他认为，只要把右边的重球比左边的重球设置得离轮心更远些，在两边不均衡的作用下，轮子就会沿箭头方向转动不息。事实上，由杠杆平衡原理可知，右边每个重物施加于轮子的旋转作用虽然较大，但是重物的个数却较少，可由精确计算证明，两边总会达到一个适当的位置，使左右两侧重物施加于轮子的相反方向的旋转作用（力矩）恰好相等并互相抵消达到平衡，而转动的轮子最终会由于摩擦力的作用慢慢静止下来。

19世纪，浮力成为永动机设计的热点。一个著名的浮力永动机设计方案是：一连串的铁箱，绕在一个塔墙上，可以像链条那样转动，右边的一些铁箱放在一个盛满水的容器里。设计者认为，右边如果没有那个盛水的容器，左右两边的铁箱数相等，链条是会平衡的。但是当右边这些铁箱浸

---

❶ 亨内考（Villand de Honnecourt，生卒年月不详），法国人。

❷ 达·芬奇，全名列奥纳多·达·芬奇（Leonardo da Vinci，1452～1519），意大利文艺复兴三杰之一，画家、发明家、科学家、建筑工程师和军事工程师。

在水里受到浮力作用，就会被水推着向上移动，也就带动整串铁箱绕塔墙转动。

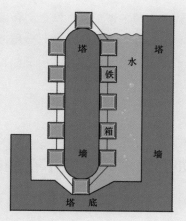

↑ 浮力永动机

这样的永动机最终没有制成，不是因为技术上的困难，而是设计的原理。因为当下面的铁箱穿过容器底的时候，它和容器底一样要承受上面水的压力，而且是因为在水的最下部，所以它受到的压力很大，会抵消上面几个铁箱所受的浮力，这个永动机也就无法永动了。

磁力也曾经扮演过"永动机神话"中的重要角色。"磁力永动机"是由约翰·维尔金斯[1]设计的。他在小柱上放一个强力的磁铁A，两个斜的木槽M和N叠着倚靠在小柱旁边，上槽M的上端有一个小孔C，下槽N是弯曲的。这位发明家想，如果在上槽上放一个小铁球B，那么由于磁铁A的吸引力，小

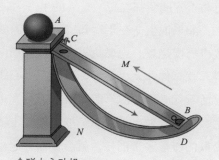

↑ 磁力永动机

球会向上滚，可是滚到小孔处，它就要落到下槽N上，一直滚到N槽的下端，然后顺着弯曲处D绕上来，跑到上槽M上。在这里，它再次受到磁铁的吸引，重复上述过程。这样，小球就会不停地前后奔走，进行"永恒的运动"。然而，这一设计也以失败告终。

此外，有人还提出过利用轮子的惯性和细管子的毛细作用等获得有效动力的种种永动机设计方案，但都无一例外地失败了。其实，在所有的永动机设计中，总可以找出一个平衡位置，各个力恰好相互抵消掉，不再有任何推动力使它运动。所有永动机必然会在这个平衡位置上静止下来，变成不动机。

在人们还没有掌握自然的基本规律时，"永动机"曾经吸引许多杰出的人去追寻和探求。虽然"永动机"的设想凝聚了许多人的聪明才智，经过

第一篇　走近能源：我们前行的动力

---

[1] 约翰·维尔金斯（John Wilkins，1614～1672），17世纪英国赛斯特城主教。

了许多人的不懈努力，但是没有任何一部永动机被实际地制造出来，也没有任何一个永动机的设计方案能通过科学的审查。永动机是一种幻想，永远不可能成功，因为它违反了自然界最普遍的一个规律：能量转换与守恒定律。

3 如影随形：无处不在的能源

3.1 能源与"我"

人们总在习以为常里忽视能源的作用，它早已不动声色地融入自己，无论乐意与否，能源都在每一个人的生命中、生活里，须臾不离。

如果说生命在于运动，那么能源就是其根本。生命每天都需要能量，就像蒸汽机需要烧煤、内燃机需要用汽油和电动机需要用电一样，能源就是你身体的燃料。就算你什么也不干，维持呼吸心跳血压和正常体温等等都需要消耗能量，只要活着就必须源源不断地获取能量，也就是吃东西。你吃下的每一口食物都为你生命的延续做出了贡献。如果你要干活、运动，体力活动越多，耗能越多。人体摄取的能量多于消耗，就会被储存起来，形成身体中的脂肪，这就好比把多余的钱存进银行；能量摄取不够的时候，就会从身体脂肪中取一些出来消耗，这就好比花掉自己以前的存款。

除了身体之外，你的生活里也少不了能源。当你坐在沙发里随手打开电视，火力发电机正在源源不断地将储存在燃煤中的热能转换为电能，借助电能完成电视图像和声音的传输与转换；当你拿起手机给朋友打电话，储存在手机电池里的化学能正在转换为电能；当你坐车去参加聚会，汽油正在通过发动机转换为机械能。当你和亲友拿着麦克风在唱歌，当你坐在电影院里欣赏大片，当你在商场里挑选新衣，当你站在电梯里上下大楼，当你在看书时打开台灯……能源都在不知不觉中与你相伴，如影随形。能源是如此的重要，以至于每个人的衣食住行都离不开它。

当你开始工作，更加离不开能源。许多人到办公室的第一件事就是打开电脑，了解信息、收发邮件、处理文档，如果没有能源，电脑就只能是一个装饰品。你与同事、客户的联系得用上电话，打印文件要借助打印机，复制文件要依赖复印机，发送文件要通过传真机。你如果到外地出差，就要搭乘飞机、火车、轮船等交通工具——这一切，没有能源都实现不了。

如果把今天的生活和十万年前相比，你无疑是幸福舒适的。几千年来，出行从马车变成了汽车、火车、飞机；照明从篝火、烛火、煤油灯变成了白炽灯、霓虹灯、节能灯；交流互动从海角天涯、鱼雁传书变成了天涯咫尺、视频聊天，鼠标一点尽知天下事。有许多人曾经向往那种田园牧歌式的浪漫生活，但如果让你真的离开能源归隐山林，鸟兽为友虫鱼相伴、日出而作日落而息、春种秋收刀耕火种，绝大多数人坚持不了几天就得收拾包裹，重新回归现代社会。正是文明的进步和能源运用的发展，让每个人的生活更加快捷方便、多姿多彩，让每个人的未来具有更多的可能。

没有能源的一天 ⊕

假如有一天能源真的消失了，不难想象那种情景：

一觉醒来，全世界丢失了能源。每天最招人恨的电子闹钟终于完全沉默了，睡到久违的自然醒。睁开眼，倦懒地拿起床头的手机，屏幕漆黑。不知道现在几点，看天色已经不早了，一个激灵翻身下床跑去洗漱，拧开水龙头眼巴巴地看着流出来的几滴可怜的水珠。没法刷牙洗脸也就罢了，连洗手间都不敢上，用干毛巾胡乱擦了两下憋红了的脸，出门飞奔下楼。把没油上路的爱车留在车库，推出满面尘灰的自行车一步步吭哧吭哧地踩向单位，途中顺序拜访了几个公共厕所，充分享受了大排长队的"轻松惬意"。

终于来到公司楼下，也不知道迟到了多久——反正指纹考勤机早已罢工。抬头看着高耸入云的大楼，又一阵绝望涌上心头——办公室在三十三层。和陆续赶来的同事互相打气一步步爬上楼，到最后谁也顾不上取笑别人的狼狈。总算坐上座位，长舒一口气，下意识的按向电脑的开机键——毫无反应。对着只能当镜子用的显示器互看了一会儿，听到行政部门的同事每层楼上蹿下跳地通知大家开会，于是百来号人都挤在会议室一起深刻体会"桑拿浴"的乐趣。老板们在主席台上扯着嗓子声嘶力竭地号召大家在特殊情况下坚持做好工作，只是没有麦克风来放大的音量明显敌不过我们窃窃私语和扇风的声音。再次坐回办公室，直愣愣地看着一小时没响过一声的电话，恍惚间有种全世界只剩下我一个人的错觉，我只有用焦躁的踱步来发泄我孤独的失落，汗水混着不安的情绪从脸上一道道滴落。

所有人的午饭都是单位以往囤积的面包和清水。下午的办公室越发闷热，温度计的数字一直蹦到"36"才不情愿地停下来，昨夜的一场雷雨并没有为这个城市带来多少清凉。没有风，灰灰的天空挂着几朵雾状的云彩，却无力遮住头上的烈日。我只能随手抓起身边任何可以扇出风来的东西用力挥舞，来制造片刻的凉意。突然想起下午约好要和客户确认合同细节，习惯性地伸向电话却又凝滞在中途的手恨不得转回来抽自己一个耳光。我只有拖着不情愿的步伐，带着几份手写的合同修改稿，在同事们同情的注目礼下走下三十三层楼，跨上自行车在暴烈的阳光下飞驰。

双向十车道的主干道成了各色自行车甚至轮滑的竞技场。沿途看见一家家紧锁大门的银行外围满急需取钱的人，购物中心打出了"歇业盘存"的公告，路边的小摊小贩已经看准商机大量抛售"限时抢购、售完即止"的高价蜡烛，我也连忙下车抢了两包。当目瞪口呆的客户看着好像刚从水里捞出来的我郑重地递给他一包蜡烛的时候，激动得紧紧地握住我的手……

又踩着自行车上了回家的路，看着太阳收起了最后的余光，黑暗缓缓笼罩了世界。啃完面包，黑夜让我无所事事却又无计可施，面对悄无声息的电脑、电视，只能把自己隐藏在一支蜡烛赐予的微光里。许久，空虚到极点的我，吹灭蜡烛早早地窝在床上却又怎么也睡不着。睁着眼静静望着窗外几乎失去了灯火的城市，好像在等待着末日的降临。时间在一分一秒地煎熬，而我只能一遍又一遍地祈祷明天的到来。

3.2 能源与"我们"

能源是人类活动的物质基础，社会的发展离不开优质能源和先进能源技术的使用。在文明出现之前，我们就一直在懵懂中无意识地利用着能源。文明的出现，更是得益于我们开始对能源有意识地利用。可以预见，随着科学的不断发展和新技术的不断涌现，能源还将具有更加广泛的用途，发挥更加巨大的作用。

石油是现代世界一次能源消费构成中的主要能源，其产品的范围从液化石油气开始，中间是石油化工原料、燃料和润滑油料，一直到沥青，在加工过程中还会释放出大量的石油气。石油加工后，可以得到利用率高、经济、合理的各种液体燃料，主要分为内燃机燃料、锅炉燃料和煤油三类。其他的石油产品主要有润滑油、蜡、沥青以及石油化工产品，如石油溶剂、乙烯、丙烯和聚乙烯等。

天然气是一种混合气体，其主要成分为甲烷，其特点是容易燃烧、清洁无灰渣、热值高而且不污染环境。天然气和石油一样，是非常重要的有机化工原料。用天然气加热锅炉生产蒸汽，投资省且热效率高，能够适应突然的负荷变化；用天然气代替焦炭，可提高30%的生产率。从天然气中分离出来的许多物质是最基本的化工原料，并可进一步制造、转化出多种化工产品，如合成纤维、合成橡胶、合成塑料和化肥等。天然气化工产品具有用途广、成本低、产值高和发展快等优点，因此其转化利用对经济建设和社会生活十分重要。

从18世纪末的工业革命开始，煤炭被广泛用作工业生产的燃料，是除石油和天然气之外的一大重要能源。随着蒸汽机的发明和使用，煤炭给社会带来了前所未有的巨大生产力，推动了煤炭、钢铁、化工、采矿和冶金等相关工业的迅速发展。煤炭热量高，而且在地球上储量丰富，分布广泛，一般也比较容易开采，除了作为各种工业燃料以取得热量和动能之外，更为重要的是能够从中制取冶金用的焦炭和制取人造石油即煤炭低温干馏的液体产品——煤焦油。经过化学加工，从煤炭中能制造出成千上万种化学产品，所以它也是一种非常重要的化工原料，中国相当多的中、小氮肥厂都以煤炭作原料生产化肥。煤炭中还往往含有许多放射性和稀有元素如铀、锗、镓等，是半导体和原子能工业的重要原料。因此，煤炭对于现代化工业，无论是重工业、轻工业，还是能源工业、冶金工业、化学工业、机械工业，或是轻纺工业、食品工业、交通运输业等，都发挥着重要作用。各种工业部门都要在一定程度上消耗一定量的煤炭，因此有人称煤炭是工业"真正的粮食"。

2011年世界人口已经突破70亿，比1999年增加了10亿，能源消费增长了16倍多。近几十年来，虽然能源开发力度和生产规模不断加大，但能源供应始终跟不上对能源的需求。

当前世界能源消费仍以化石资源为主，其中中国等少数国家是以煤炭为主，其他大部分国家则是以石油与天然气为主。按目前的消耗量预测，石油、天然气最多只能维持不到半个世纪，煤炭也只能维持一二百年。保持经济的可持续发展、维持生态平衡以使文明不至于衰落，就必须比较彻底地改变严重依赖化石能源的局面。

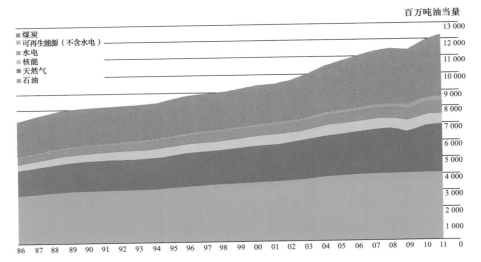

百万吨油当量

- 煤炭
- 可再生能源（不含水电）
- 水电
- 核能
- 天然气
- 石油

↑ 全球各类能源消费量

 印度大停电影响6亿人

　　当今世界，能源与社会的发展高度关联，一旦能源中断，社会的正常运行将受到严重影响，甚至可能停摆。

↑ 印度阿姆利则（Amritsar）民众示威抗议电力中断

2012年7月30日下午1点左右开始，印度三大电网相继瘫痪，印度北部、东部、东北部大部分地区以及首都新德里等22个邦及城市没有了电力支持，将近一半的国土陷入了黑暗之中。据印度官方事后的统计，深受这次停电之苦的印度民众多达6.8亿人，造成的经济损失高达数亿美元，创下世界停电影响人口规模纪录。有评论称"一次大停电，即便是几秒钟，其带来的破坏甚至能跟地震相比。"

交通混乱，铁路停运。印度北部和东部地区率先出现断电。新德里地铁系统在断电后完全停运，地铁停滞在漆黑的隧道里，许多乘客在午餐时间从闷热的地铁站涌出，不得不改乘拥挤不堪的公共汽车上班，而公路上的交通也因为交通灯熄灭而陷入混乱，早高峰时段严重交通堵塞，警察以人力指挥车辆。此外铁路运输也遭受重创。印度铁路公司的发言人说，全国有大约500列火车受停电影响停止服务或晚点，大批旅客滞留，铁路交通因为信号灯失灵乱成一锅粥……

公共服务暂停运行。停电还导致印度部分公共服务机构暂停工作。新德里一家火葬场在停电后不得不用木柴火化了三具遗体。印度银行分行职员称，停电令银行主服务器瘫痪，只好暂停为顾客服务。汇丰银行一名实习生阿米塔巴说："真是丢脸，电力是很基本的设施，这种情况根本不应发生。"在东部大城市加尔各答，一些政府部门被迫提早下班，部分办公大楼在停电后，改以柴油发电机发电，医院和机场则被迫开启备用电源。

电梯停摆矿工受困。此外，在加尔各答西北部180千米的布德万，200多名东部煤田公司矿工在断电后，因为电梯无法操作而受困地底。该公司总经理称，他们无法升井，除非电力供应恢复。矿工们被要求转移至井下通风较好的地点，营救人员向井下输送食品和饮用水。西孟加拉邦首席部长要求政府机关职员回家，以便把备用电源送至煤矿，协助营救矿工。

民众生活饱受折磨。对生活在印度的普通民众而言，停电严重扰乱着他们的正常生活。"我半夜两点多坐火车抵达斋浦尔，出站之后一片漆黑。我拦了辆人力车去旅社，一路上连路灯都没有，看到很多露宿者睡在路边，实在是太热了。"

新德里当日气温在35℃左右，湿度达81%，大批居民在睡梦中热醒，发现自己家的风扇和空调停止工作，走到街上才发现整个城市漆黑一片。

"这是一个非常糟糕的夜晚，"居民曼贾里·米什拉抱怨说："潮湿，电扇没法用，真难熬。白天同样是灾难，没有电，没法开水泵，用不上水。"

"都是可恶的停电，毁掉了一切。"星期一下午，17岁的印度高中生萨利巴·纳朗高兴地放学回家，不想左等右等也没有看见一辆校车出现。回家心切的他一路奔到地铁站，才知道地铁停止了服务。萨利巴唉声叹气回到教室苦苦等待，直到傍晚新德里的供电恢复，他才赶着夜色乘地铁回家了。

54岁的杰要交一份收入所得税手续表给税务部门，谁知列车毫无预警地停在隧道里，错过了递交表格的最后期限。"今天是最后一天，我该怎么办？"杰心烦意乱，无奈地看着列车窗外等待救援。

第二篇
由火而始：我们走过的足迹

　　人类文明，由火种的点燃与照亮开始。从和动物一样畏惧火，到逐渐熟悉并开始使用火，开启了我们自觉利用和改进能源的崭新篇章。采猎文明的薪火相传，农耕时代的"驯化"天赐，工业革命的煤与蒸汽，现代社会的电磁动力，为人类文明的不断演进提供着源源不断的动力。由火而始，相伴至今，回顾我们走过的足迹，能源形式的改进和更替推动着人类文明不断前行。

4 "激情" 燃烧：成就伟大的开端

4.1 火的发现和利用

火是物质燃烧过程中散发出光和热的现象，是能量释放的一种方式。燃烧是一种发光、发热、剧烈的化学反应，只有在可燃物、助燃物和燃点三元素同时存在时才能发生。地球上植物的光合作用，将太阳光的能量和二氧化碳中的碳元素聚合在自身的躯干之上，并同时释放出氧气，这样一来就为地球提供了大量的可燃物——木材、秸秆和助燃物——氧气。然而这两种物质即便同时存在，也不会发生燃烧，因为达到燃点是这种剧烈的化学反应的必要条件。自然界就是如此的神奇，天空的闪电和火山的喷发，为平静的地球提供了燃点，点燃了木头和杂草，为地球开始点缀上绚烂的色彩。

光合作用产生的氧气具有活泼的化学性质，不仅能够与可燃物发生剧烈的化学反应，而且能与除了稀有气体和活性小的金属元素如金、铂、银之外的大部分元素发生缓慢的反应，其过程称为氧化，其速率各不相同。动物的消化和铁器的生锈属于比较缓慢的氧化。

火，可以说是人造的小太阳。强烈的光芒照亮黑暗的道路和漆黑的洞穴；高温的火焰远胜过猛兽的厉牙尖爪；温暖的篝火可以帮助人类度过寒冷的冬天；大火烧毁丛林可以帮人类平整出辽阔的领地。这些还仅仅是改变生存的外部环境，后来用火加工食物，让人类成为"熟食餐厅"的专有会员，人类的生理和基因的进化速度也因此远远抛开其他动物。

发现、掌握和驯化火是人类伟大的突破。在此之前，人类使用木棍、石斧等工具进行生产，那只是在物理上

↑ 原始人类狩猎

对力矩的应用，根本的能量来源还是人的躯体；而火的驯化则是释放大量能量的化学反应，其能量来源是有机物直接或者间接地通过光合作用对太阳能的浓缩。人类的采猎文明时期从距今约300万年前一直持续到1.2万年前，比之后任何一个文明时期都漫长得多。以柴薪为基础的火是这段时期最重要的能源利用形式。

万事开头难。祖先们对火的驯化，当然不会像点火柴那么简单。最宝贵的燃点——偶尔发生的火山爆发和闪电都十分危险，人类必须远离，只能逐步靠近尝试。我们的祖先为人类文明迈出的这一步所付出的代价可能比以后任何时期的探索和发明付出的代价都大。我们无法重现历史，但可以一种尊敬和感恩的态度来共同想象历史上的这一幕。

一次火山喷发，摧毁了我们祖先的领地，甚至有一些人还未来得及逃跑就被滚烫的岩浆掩埋，幸存的人们四处奔跑，也不知道身边那些被点燃的木头会不会变成岩浆一样到处喷射。经过岁月的积累，人们可能逐渐掌握了逃跑的方向，也逐渐熟悉了"岩浆每次点燃木头的规律"，有些人开始尝试去拾取柴火，但在被烫伤后就不敢再去碰了，有些人则恰巧拿到了温度不高的部位，迈出了驯化火的第一步。为保持燃烧、保存火种，又经过了无数代人的探索和思考。闪电虽然经常发生，但是稍纵即逝，留给人类的课堂时间十分有限，所以我们很难判断人类用火的"执业证书"究竟是在"火山课堂"还是在"闪电课堂"上取得的。

经过无数次探索尝试，人类摆脱了对自然界产生的火苗——火山和闪电的依靠，发明了自己生火的办法：把干燥的可燃物快速摩擦，或者用石块大力撞击产生火花，聚集的热量使可燃物局部位置达到燃点以完成生火。这是物理和化学方法的共同应用，可能比我们现代任何一个复杂的工程都要伟大，而且整个过程也相当漫长。

↑一些部落现在仍保留钻木取火的习俗

钻木取火的传说 🔍

　　火的现象，自然界早已有之，火山爆发的时候有火，打雷闪电的时候树林里也会起火。可是我们的祖先在一开始还不知道利用火，不止生吃植物果实，就连猎来的野兽也是连毛带血生吞活剥。他们刚开始看到火十分恐惧，后来偶尔捡到被火烧死的野兽一尝，发现味道挺不错。经过反复试验，渐渐学会了用火烧东西吃，并且开始设法把火种保存下来。

　　但火种的保存费时费力，而且总有因各种原因熄灭的时候，生火便成为需要解决的最大难题。因此，钻木取火的古老传说出现了。钻木取火是根据摩擦生热的原理，将小木杆的一端接触到大块的木头上，通过快速转动小木杆，使之和木头接触的地方由于快速的摩擦而将动能转换为热能，不断提升温度，当温度达到小木杆或者木头的燃点时，就会产生火苗，并用此引燃疏松的干草或者皮毛等容易点燃的材料，这样就实现了人工取火。

　　中国远古就有燧人氏❶钻木取火、教人熟食，结束了华夏先祖茹毛饮血历史的传说。大约在6000余年前，燧人氏偶然观察到啄木鸟用尖长的嘴在树木上的小窟窿里找虫子吃，由于虫钻得太深，啄木鸟只好用尖硬的嘴去钻，不料却生出浓烟和火苗。他受此启发，用类似的方法取得火，钻木取火的时代就此开启。这是一个了不起的发明，从那时起，人们就随时可以吃到烧熟的东西。燧人氏还教人捕鱼，将鱼、鳖、蚌、蛤一类原来有腥臊味而不能生吃的东西用人工取得的火烧熟来吃，为人们增加了许多食物种类。在取火的过程中，人们还发现不是所有的木头（木柴）都能钻出火种，需要选择品种，并且还要随着季节变换而选择不同的木柴。如果随便捡一根木柴去钻，那是钻不出的，如春季钻木取火必须选用干榆木、干柳木；夏天必须选用干枣木、杏木、桑木；秋季选用柞木、樽木；冬天选用干槐木、檀木。到传说中的轩辕黄帝时期，各地都设有专门管理钻火的官员，负责常年选用能钻出火的木柴。

4.2　烹煮与人类进化

　　火的一大作用是改善人类的生存环境，如照明、取暖、抵御猛兽等，而另外一大作用就是烹煮。

---

❶ 燧人氏，名允婼，是中国上古神话中火的发明者，三皇之首。《拾遗记》记载："遂明国有大树名遂，屈盘万顷。后有圣人，游至其国，有鸟啄树，粲然火出，圣人感焉，因用小枝钻火，号燧人氏。"

比较人类和黑猩猩及猿类身体，可以发现人的大脑容量更大，牙齿及相关的骨骼结构和肌肉组织却较小，而且肠道也较短，这和烹煮有着密切的联系。经过高温加工的食物，更加容易被咀嚼和吸收；脂肪等有机物的芳香烃大量挥发，味道诱人可口；大量的细菌和病毒被高温消灭，有利于预防和减少疾病。迄今为止，还没有其他动物学会烹煮，这种独特的技艺让人类在生理和基因上的进化速度远远领先于其他动物，其中最具代表性的就是牙齿变小，肠道变短，脑容量变大。

打一个比方，烹煮好比是牙齿、胃肠道的助手或者说辅助工序。在此之前，食物的咀嚼和消化吸收工序全部在进入人体后进行。有了烹煮之后，食物、坚固的皮、壳、筋肉组织在进入人体之前被高温加热，物理和化学性质都发生了变化，原来很难咬碎、咬断的，现在变得轻而易举。原来我们的消化只能依靠胃酸和胃的蠕动，而现在增加了柴薪1000℃左右的强大"火力支援"，消化更加充分和高效，肠道吸收到更加优质的营养，为我们节省了很多的体力。在今天，如果不经烹煮，我们基本不能吃下生的稻谷和肉。由此可见，有了烹煮将咀嚼和消化吸收食物的一些工序在体外"提前外包"，我们才有条件将体内的部件——牙齿、胃肠道进行优化和精简。

脑容量变大又和烹煮有何关系呢？民以食为天，在高度发达的今天，我们一日三餐花费的时间都不算少。不难推断，人类在学会烹煮之前，估计除了睡觉外的大部分时间都用在了"吃"上。而烹煮让我们吃得快、吃得好、吃得更省力气，有更多的时间和体能去做其他的事情。黑猩猩每天要花6个小时来咀嚼食物，而学会了烹煮后的人类只需要花1个小时。400万年里，每天5小时，在"适者生存，优胜劣汰"的大自然竞赛中，人类获得了宝贵又充足的时间优势。这么多的时间用来做什么呢？思考：山川和河流有何关系？日夜轮转与四季变化有何规律？居住的地方如何建造得更加舒适？采集果子和狩猎、烹煮的劳力如何分配更加有效？脑力劳动比例的增加让人类的脑袋得到充分的锻炼，与之相伴，人类的脑容量也越来越大，以满足高负荷的脑力劳动需求。积累至今天，我们的脑容量比400万年前的人类整整大了三倍。

由此可见，烹煮不仅仅让食物更加美味可口，而且让我们利用自然能量的形式登上了一个新的台阶，让我们的大脑、肠胃道及牙齿等器官等更加快速地沿着新的文明迈进。或者可以说，人类已经不是草食动物，也不是简单的肉食动物，而是"烹食动物"了。旧石器时代晚期的人类遗址数量的增加，有力地证明了：由于烹煮的广泛传播，人类更加容易生存，人口因而增加，思想交流、发明探索也不断增多。人的社会属性随着"烹煮"的发展不断增强，大家需要更加严密的分工合作，饮食的时间更有规律，地点更加固定，交流更加充分，感情更加牢固。

薪火相传的文明延续至今，从生日蛋糕上的蜡烛到野外聚会的篝火，从节日庆典的烟花到奥林匹克运动会的圣火，无不诠释着人类对这一伟大的能源形式的尊敬和钟爱。

黑猩猩也跳"火焰舞"

人类学家吉尔·普吕茨❶判断，动物对火的控制分为三步——形成火的概念、学会点火以及最终控制火。大多数动物出于本能的反应，在第一步便败下阵来。西非芦苇蛙听到火的声音便会四散奔逃，澳大利亚草原袋鼠会变得惊慌失措，非洲大象体内的应激激素则会飙升，然而，普吕茨发现塞内加尔萨凡纳地区的野生黑猩猩却会平静地面对火焰甚至跳起"火焰舞"。

在干旱季节即将结束时，萨凡纳地区的草原上常会出现野火。2006年的一天，普吕茨发现自己面临野火的威胁，她没有逃跑，而是与其正在研究的黑猩猩们待在了一起。让她意想不到的是，这些黑猩猩并没有表现出其他动物在面对火时的恐惧与惊慌失措，而是非常镇静地跟在她后面小心地绕过了火焰，而黑猩猩群落的雄性首领甚至在火焰前跳起了具有仪式性含义的"火焰舞"。黑猩猩竟然能够如此平静娴熟地对待火焰，它们对草原上猛烈而又快速的野火走向的预测甚至比普吕茨还要精准。有一次，火焰从三个方向将他们包围，黑猩猩仍能保持冷静并计算出如何平安地逃出火圈，这一切让普吕茨非常惊讶。

有人认为人类对火存在着天生的恐惧，而克服恐惧感是最终控制火并学会生火的首要步骤。野生黑猩猩会在草原的野火前跳"火焰舞"，表明黑猩猩作为人类的近亲可能懂得如何控制火。黑猩猩的行为足以将它们与其他非人类动物区别开来，这为研究我们的祖先何时迈出人类进化过程中的关键一步——学会控制火种，提供了宝贵的线索和有力的支持。❷

---

❶ 吉尔·普吕茨（Jill Plutz），美国艾奥瓦州立大学人类学家。
❷ 参见英国《独立报》，2010年1月16日。

5 "驯化"天赐：拓展农耕的力量

5.1 "驯化"的起源

人类的农耕文明大约从距今1.2万年前持续到公元1500年，而"驯化"的起源则远远早于农耕文明，并经历了更加漫长的历程。"驯化"是指将野生的动物进行家养或者将野生的植物进行栽培。对于驯化的对象，我们通常理解为动物，例如将狼驯化为狗，将野猪驯化为家猪，把野马和骆驼训练成为坐骑，等等。其实农作物也是驯化的对象，例如我们将野生小麦的种子收集起来，在我们的领地播下，为其浇水、施肥，使其生长的时间相对固定，地点相对集中，产量更大，便于收割，最终提供更加充足的粮食。这样的过程，其实也就是将随意生长的野生植物驯化成为中规中矩的农作物。到旧石器时代晚期，人类总人口数约为数百万人，都是以野生动植物为食的采猎者。几千年后，日渐增多的人口大部分以培育动植物来获得太阳能量，成为依靠种植植物和驯化动物生活的耕种者而非之前的采猎者。农作物栽培的历史各有不同，欧洲开始于公元前6500~公元前3500年；东南亚开始于公元前6800~公元前4000年；中美洲和秘鲁大约开始于在公元前2500年。大多数最先进行农作物栽培的地区是半干旱气候的江河流域，其中某些地区已有密集的农业人口，还出现从事政府事务、战争、宗教及制造业的专业人员。

驯化的出现、发展和成熟，是外部环境推动和人类内在需求共同作用所产生的结果。经过"烹煮"解放的生产力，为人类开发了聪明的大脑，构筑了相对稳定的居住场所，积累了相对充裕的食物和工具，拉开了人类与其他动物之间竞争的差距，人类开始有条件地去征服和利用更高级别的能源，向更先进的文明迈进。与此同时，人口的增加和对更高生活质量的需求，敦促人类发掘更高级别的能源以创造更先进的生产力——对动植物的驯化应运而生。

驯化并非一蹴而就，而需要经过反复的筛选和漫长的融合过程。"狗"是被驯化的动物家族里的一个典范，距今15000年前，"狗"还是以肉食为主的狼，而人类是一种杂食性的狩猎者，两者都是猎手——竞争对手，两者也都是彼此的猎物——敌人，或者说都是彼此的食物，而他们究竟是如何化敌为友的呢？首先，实力差距的逐渐拉大使得他们不再是势均力敌的死对头；随着人类对火和其他捕猎工具的熟练应用，狼群已经不再是人群的对手了，慢慢地，两个物种的关系开始趋向缓和。此时人类的牙齿已经变小，胃肠道已经缩短，对于食物的要求也变得有品位——挑食了，也开始有了"剩菜剩饭"了，如果食物丰富的时候，这些"剩菜剩饭"就被当做垃圾丢弃了，而恰恰成为狼群不劳而获的食物。无意之中，人类向狼群抛出"橄榄枝"，传递着友好的"外交"信号。来而不往非礼也，与人类相比，狼群具有敏锐的感官能力，如嗅觉，当有外来侵入者靠近的时候就会大声地咆哮，也就是其后代狗的"狂吠"，这成为人类的警报器，也就是后来"狗"看门的本领。在历史的牵线和共同利益的推动下，两种原来互为敌人的物种慢慢地结成同盟，实现互惠共赢，大家吃得更饱，日子过得更加安心。后来在偶然的情况下，人类还领养了狼的幼崽，于是"狼"越来越"狗"了。

为什么能够有别于老虎、豹子、犀牛等至今仍不能被我们所驯化的动物呢？首先，人类和狼不像老虎、豹子、犀牛等动物那样独立生活，而是成群而居，有森严的等级观念和组织结构，并且具有良好的协作机制。其次，人类和狼都特别聪明，能够领悟出彼此合作所带来的好处。最后，狼虽然有攻击性，但毕竟不像老虎那么可怕，预留给了人类慢慢地接受和改变它们的空间。除了狼以外，马、牛、羊、鸡、鸭、鹅等也慢慢被我们驯化了。

驯化植物和驯化动物一样，也要经过很长时间的实践和尝试。虽然植物不会像动物一样具有攻击性，但是不会说话也没有动作，所以在驯化过程中没有交流和互动。驯化植物最开始可能是从种子开始。在食物丰富的时候，吃不完的种子被存储起来，或者散落了，那时的存储或许就是堆放在地里，等到来年的春天，这些种子生根发芽，再过几个月就长出了新的种子。人类不用再到林子里零散地去采集种子了，慢慢人类也就学会了耕种。

烹煮为人类的牙齿和肠胃道提供了加工和吸收食物的帮助，而驯化动植物使人类有了采集能量的助手。从此，人类占据食物链的最顶端，享受着最美味的佳肴和最良好的营养，而且有建设更加牢固的住所、更加美丽的村庄、更加团结和完善的部落的精力，可以更好地生活和繁殖后代。

阿拉斯加驯鹿 🔍

驯化的过程通常是断断续续的，而且并非每次都获得成功，驯化后的生物也会出现停止传播的情况。以新石器时代分布在地球最北端的家畜——阿拉斯加的驯鹿为例，它是一种拥有凹蹄适合在雪地行走的鹿，遍布于欧亚大陆与北美的冻原及寒带森林。

驯鹿是什么时候被驯化的还不清楚，只知道是在人类驯化牛、马及其他家畜很长时间之后。从旧石器时代晚期驯鹿就为居住在欧亚大陆遥远北方的人类提供了肉类和鹿奶，也提供了制造衣服与工具的材料，此外它们还为其拉雪橇与货车。因为欧亚大陆北方人类无法依赖耕种而生存，所以驯鹿的重要性远超过其他驯化动物对温带人的重要性。

　　最后一批因纽特人❶从西伯利亚迁徙至北美时，驯鹿还在抗拒驯化，尽管他们当时已经驯化了狗。因纽特人与驯化动物之间的对峙持续了很多个世代。俄罗斯在18世纪和19世纪初期逐步吞并阿拉斯加，为当地尚处于后新石器时代的社会带来了武器、毛皮交易和文明，但并不包括驯鹿。1867年，美国向俄罗斯买下了阿拉斯加，其后曾在原住民社群之中担任传教士的杰克逊于1885年成为阿拉斯加公共服务机构负责人，他希望改造因纽特人，开始教他们读书和算术并向私人及联邦政府募集资金从西伯利亚引进驯鹿。他确信，正如牛、羊和马曾经为西部各州带来好处，驯化的鹿群也可以为阿拉斯加带来实质利益。

　　1891至1902年间，1280头驯鹿从西伯利亚被运到了阿拉斯加，该地自此才出现了真正意义上被驯化的驯鹿，并且数量开始猛增。如果健康状况良好并饲养得当，驯鹿的数量每年将增加三分之一。到1932年，阿拉斯加已有60万头驯鹿，全都是第一批驯鹿繁衍下来的后代，放牧范围从北冰洋北海岸向南延伸到科迪亚克岛与阿留申群岛。然而驯鹿数量在其后突然减少，到1940年只剩20万头，10年后只有阿拉斯加西部的少数地区还存在，总数仅为2.5万头。

　　过度繁殖是驯鹿数量锐减最重要的原因。为数60万头的驯鹿在夏天或许可以找到食物，但在冬季就无法存活了。过度放牧的地表在较温暖的地区只需几个月甚至数周即可复原，但在冬季气温严寒、每天日照时间只有几小时的北方地区，可能需要30年之久。当进口的驯鹿将冻原和森林的驯鹿苔一扫而光，就只好面临饥荒了。

　　驯鹿并没有完全从阿拉斯加绝迹，目前在苏厄德半岛和其他地区尚存数千头，但在因纽特人和阿拉斯加人的经济活动中所扮演的角色已毫不重要，杰克逊预想的"永久发展且创造财富的大型产业"不曾出现。驯化无法被预订，它有时可行，有时不可以。❷

第二篇　由火而始：我们走过的足迹

---

　　❶ 因纽特人（Inuit），即爱斯基摩人（Eskimo），北极地区的土著民族，分布在从西伯利亚、阿拉斯加到格陵兰的北极圈内外。

　　❷ 参见（美）阿尔弗雷德·克劳士比（Alfred W.Crosby）《人类能源史——危机与希望》，中国青年出版社，2009。

5.2 自然力的"驯化"

人类已经学会了取火，掌握了烹煮，驯化了动物和植物，下一步人类的文明又将走向何方呢？中国诗仙李白在他的《行路难》收尾之处写到"行路难，行路难，多歧路，今安在。长风破浪会有时，直挂云帆济沧海。"在《早发白帝城》诗中描述"朝辞白帝彩云间，千里江陵一日还。两岸猿声啼不住，轻舟已过万重山。"为我们充分地展示了风能和水能的伟大力量，这种力量推动着人类文明走得更快、更远。

人类在新石器时代晚期就已有航海活动，驯化风能让人类成功跨越了大海，帆船成了这项活动最大的功臣。当时中国大陆制造的一些物品在台湾岛、大洋洲，以及厄瓜多尔等地均有发现。公元前4世纪希腊航海家皮忒·阿斯（Pit Aas）就驾驶舟船从今天的马赛出发，由海上到达易北河口，成为西方最早的海上远航。公元前490年，在波斯与希腊的海战中，希腊就曾以上百英尺长的战舰参战。公元15世纪是东西方航海事业大发展时期。1405~1433年，中国航海家郑和率船队七下西洋，历经30多个国家和地区，远航至非洲东岸的现索马里和肯尼亚一带。1420年葡萄牙创办了航海学校；船长迪亚士在1487年航海到非洲最南端，命名该地为好望角；1497年达·伽马率船队从葡萄牙里斯本出发绕好望角到印度。此后葡萄牙人又到达中国、日本。1492年10月意大利航海家哥伦布发现了美洲大陆。跨越海洋的交通，使商品的交易和信息交流扩大到全世界。

↑ 郑和下西洋时乘坐的帆船模型

我们可以利用不同季风的方向，使帆船被"吹出去"，又被"吹"回来。然而由于水的密度是空气的近千倍，在重力的作用下，无论哪个季节，水都是从高往低处流，我们乘舟顺水而下，回来就要逆水而上了。那么，我们又该如何利用水能呢？

水车或水力磨坊是利用水流的机械能（势能与动能）推动水车轮或者涡轮来驱动机械，研磨面粉、切割木材或生产纺织品等，最早可能出现在公元前3

世纪的希腊，约公元前2世纪希腊人斐罗对此已有描述。中国汉代（公元前202年~220年）就开始利用水车生产谷物。桓谭于公元20年左右所著的《新论》中，描述了神话中的太古三皇之一伏羲发明了杵与研钵，后来又研制出水磨。公元31年，东汉官员杜诗发明了水排。这是一个复杂的机械装置，利用水力传动机械，使皮制的鼓风囊连续开合，将空气送入冶铁炉、铸造农具。

后来人们又学会建筑引水槽和斜坡渠，让水从高处流泻至水车顶端冲击它，同时利用了水能和地心引力，即水流倾泻而下的重量与冲击力。这种精心制造、转动顺畅的"上冲式水车"可以产生四五倍以上的马力。根据法国历史学家费尔南·布罗代尔[1]的研究，平均每个水力磨坊所能碾碎的谷物，是两人一组手磨机的5倍。12世纪初，仅在法国就已有两万台水车用来碾碎小麦、矿石等等，相当于50万名劳动者所贡献的能量。从那个时代起，从欧亚大陆到北非，从大西洋到太平洋，凡是靠近大河与溪流的地方都可以见到水车。水车逐渐遍及全世界，许多地方直到现在还在使用，只是我们把那种用来发电的"水车"它改名为水力发电机。

与水车形状相似的还有风车，一种把风能转变为机械能的动力机械，用可调节叶片或梯级横木轮子收集风力。简单的风车由带有风蓬的风轮、支架及传动装置等构成。风轮的转速和功率，可以根据风力的大小适当改变风蓬的数目或受风

↑ 宋朝政府为推广农业新技术所用的脚踏水车

↑ 早期的风车

第二篇　由火而始：我们走过的足迹

❶ 费尔南·布罗代尔（Fernand Braudel，1902~1985），法国著名历史学家，主要著作有《菲利普二世时期的地中海和地中海地区》、《法国经济社会史》、《十五至十八世纪的物质文明、经济和资本主义》及《资本主义论丛》等。

面积来调整。无论是在过去还是现在，风车在伊朗东南部、中国沿海及荷兰等多风地区都非常实用。1650年，荷兰需要抽水的潮湿农村至少矗立着8000座风车，而到了20世纪后半叶，风车仍是美国农庄特别是在半干旱平原上的标准装备。因为风车不会对环境造成污染，所以世界各地仍可以看到很多风车特别是风力发电机。

正如人类学会了用火之后就必须学会怎么取火一样，我们还必须解决水力和风力应用的不确定性。水所能提供的能量会随着不同年份和季节不断变化，风力更是时有时无，飘忽不定。人类必须继续寻找和驯化更加有效和固定的能源，推动文明不断加快向前。

风车、水车与帆船的历史

风是自然界空气流动的现象。古代人类很早就发明了风车这种不需燃料、单纯以风作能源的动力机械，将风能通过风车桨轮转动转化为动能。2000多年前，在中国、古巴比伦、波斯等地就已利用古老的风车提水灌溉、碾磨谷物。风车后来在欧洲迅速发展，除通过风车（风力发动机）利用风能提水灌溉、碾磨谷物以外，还实现供暖、制冷、航运和发电等。荷兰更是被誉为"风车之国"，风车成为它的象征。荷兰坐落在地球的盛行西风带，一年四季盛吹西风，同时又濒邻大西洋，是典型的海洋性气候国家，海陆风常年不息，缺乏水力和其他动力资源的荷兰得到了上天赐予的优厚补偿。

18世纪末，荷兰全国约有1200架风车，每架约有6000匹马力，最大的有好几层楼高，风翼长达20米。荷兰人非常喜爱他们的风车，将每年五月的第二个星期六定为"风车日"，全国所有的风车都会在这一天转动起来。风车也在荷兰金德代克村的大规模围海造田工程中发挥了巨大作用，这里的风车闻名遐迩，有当今世界上最大的风车群，已成为一道独特的风景线，被世界遗产委员会列入世界文化遗产。

中国的黄河水车堪与荷兰风车媲美。水车的发明使用也很早，龙骨水车见于公元168~189年间，斗式水车（西方称"波斯龙"）在公元670年前已出现。黄河水车是中国黄河沿岸一种古老的提水灌溉工具，外形酷似巨大的古式车轮，辐条装有刮板和水斗，当水流冲动叶板时会推动水车转动，一个个水斗便舀满河水逐级提升上去，临顶后水斗又自然倾斜将水注入水槽流到需要灌溉的农田里。以黄河水自然流淌的冲力为动力提高水位引水提灌，解决了黄河沿岸地区因河岸高、水位低而难以引水浇灌的困难。

黄河水车结构合理，疏密有致，极具结构学、物理学原理，既是一件高效能的水利提灌设施，又是一件古朴、庄重和美轮美奂的艺术品。黄河滔滔，岁月悠悠，数百年来，黄河岸边，水车昼夜转动，缓缓不息。与荷兰人喜爱他们的风车一样，黄河岸边的人们也非常喜爱水车，明清以来多有文人雅士赋诗作文赞美水车。清代道光年间诗人叶礼斌诗云："水车旋转自轮回，倒雪翻银九曲隈。始信青莲诗句巧，黄河之水天上来。"

还有一件比风车和水车历史更为悠久、几乎遍及全球的将风力和水力综合利用的杰作，那就是帆船。帆船是使用风帆以风为动力行驶的船，是继简单利用水力的舟、筏之后的一种较先进的水上交通工具，已有5000多年的历史。世界各地帆船类型很多，如果按挂帆的桅数区分，有单桅船、双桅船和多桅船；如果按用途分，有货船、渡船、渔船、战船。15世纪，西班牙航海家哥伦布率领木帆船船队数次远航探险，发现了"新大陆"；中国明代航海家郑和率领庞大的木帆船船队七次出海，到达亚洲和非洲的三十多个国家。

自工业革命以来，由于蒸汽机、内燃机、涡轮机❶的发展，依靠自然风力和水力的风车、水车以及帆船一度黯然失色，几乎被人遗忘。然而，在能源危机、生态恶化与环境污染的今天，它们经过新的改造而重获新生。风车发电在风力资源丰富的荷兰和中国的新疆、内蒙古和西藏等地被广泛应用，日本、英国、美国、巴西和挪威等国也于20世纪70年代以来积极研制利用计算机控制风帆的新型近海和远洋机帆船。

风车、水车以及帆船是人类与大自然和谐相处的最伟大杰作，使我们得以巧妙地利用大自然的风力和水力作为动力而没有污染之患、耗尽之虞。风车、水车和帆船的不懈转动与行驶，促进了人类社会的文明和进步。2006年，黄河水车的制作工艺被列入第一批中国非物质文化遗产保护目录；2005年，中国与荷兰联合发行《水车和风车》邮票，"两种车轮"同"邮"世界。这些，都表达了世人对利用自然能源的古老发明的怀念，与大自然和谐相处的一种美好向往。

第二篇　由火而始：我们走过的足迹

---

❶ 涡轮机是利用流体冲击叶轮转动而产生动力的发动机，可分为汽轮机、燃气轮机和水轮机，广泛应用于发电、航空和航海。

6 煤与蒸汽：工业革命的推手

6.1 煤的发现与早期利用

18世纪初，我们只是学会了利用水力和风力，大部分工作仍然依靠人类或者驯化动物的肌力去完成：依靠人体的肌力，推动石磨碾磨谷物，踩踏水车，或者"培训"出马、牛、骡子等动物，帮助我们完成工作，直至在18世纪，庄园主还通过奴役奴隶，最大限度地集中劳动力，来满足种植业的生产需求。即便如此，这种通过食物来转换和利用太阳能所带来的人类和驯化动物的肌力，仍然远远不能满足历史发展对动力的需求。

在18世纪上半叶，人类发明了以煤炭为能源动力的蒸汽机，开启了以大规模工厂化生产取代个体化手工生产的生产科技革命。第一次工业革命从英格兰开始席卷整个欧洲大陆，19世纪传播到北美地区，后来传播到世界各国。蒸汽机研发先驱约翰·斯密顿❶曾预计，即使经过长期的努力，每个人所产生的功率也只有90到100瓦特，即便是对工人严厉地敦促，也无法使每个人持续产出达到500瓦特的功率。

煤炭——一种以前曾被忽视的燃料、一种全新的自然力登上了历史的舞台，以前所未有的速度推动了技术的飞跃与创新，带来了政治和经济的重组与融合，促进了人口的增长与迁徙，使许多地区的生活发生了飞跃。从英国中部到德国鲁尔工业区的居民，从辽阔的美洲到大洋彼岸的亚洲大陆，除了住在极其偏远地区且数量不断减少的采猎者，几乎每个人都受到了影响并从中受惠。

煤炭主要由碳、氢、氧、氮、硫和磷等元素组成，碳、氢、氧三者总和约占有机质的95%以上，是由古代植物埋藏在地下经历了复杂的生物化学和物理化学变化逐渐形成的固体可燃性矿产，包括泥煤、褐煤、烟煤、无烟煤、半无烟煤等。在地表常温、常压下，植物遗体经泥炭化作用或腐泥化作用❷，转变成泥炭或腐泥；泥炭或腐泥被埋藏后，由于盆地基底下降而沉至地下深部，经成岩作用而转变成褐煤；当温度和压力逐渐增高，再经变质作用转变成烟煤、无烟煤。

与煤炭相似，石油、天然气也是大自然帮助我们浓缩多年的能源宝库。石油源于很久以前生存在海洋的微小浮游植物，它们死后在氧气不足的水域中累积，

---

❶ 约翰·斯密顿（John Smeaton，1724～1792），18世纪英国发明家，机械技师，制作了多种机床。
❷ 泥炭化作用是指高等植物遗体在沼泽中堆积经生物化学变化转变成泥炭的过程。腐泥化作用是指低等生物遗体在沼泽中经生物化学变化转变成腐泥的过程。腐泥是一种含水和沥青质的淤泥状物质。

埋藏在深达数千米的地底并被压力和高温转换成一种液体，能量密度比煤炭高很多，而且更方便储存和运输。天然气是一种多组分的混合气态化石燃料，主要成分是烷烃，其中甲烷占绝大多数，另有少量的乙烷、丙烷和丁烷，主要存在于油田和天然气田，也有少量出于煤层。

煤炭、石油和天然气是借助光合作用聚集大量太阳能，经过漫长时间后形成的最终产物。大量植物只能孕育出少量的化石燃料，如1加仑（约合3.79公升）石油的生成需要90吨的植物，相当于面积40英亩（约合16.19万平方米）的小麦（包括种子、根部、茎部加起来的整棵）。值得庆幸的是，在漫长的岁月里，地球早早就为我们预备了丰富的积蓄——把大量的动植物定期存储到能源的"大银行"里，留给后世用于创造工业文明。

煤炭与蒸汽机的完美配合，替代柴薪成为生产的主要动力，广泛应用于矿井、磨粉、造纸、纺织、冶炼等行业，使手工业生产迅速发展为机器大生产，推动了工业大发展和大繁荣。这是继钻木取火之后，人类能源利用史上的又一次伟大变革与飞跃。

马可·波罗眼中的黑石头

马可·波罗是13世纪一位著名的意大利旅行家，曾游历当时元帝国东方的许多省市，回国后写了一本在西方世界广为流传的《马可·波罗游记》，其中谈到："中国的燃料，既非木，也非草，却是一种黑石头。"

煤是中国最早利用的能源之一，早在古代地理文献《山海经》里就有相关记述，被称为"石涅"❶，还被称为石炭、乌薪、黑金和燃石。在中国东北地区抚顺民居的火炕里和中原地区炼铁的遗址中，都曾发现燃烧过的煤炭和未燃烧的煤饼，这说明中国古代已经普遍使用煤炭作为取暖和炼铁能源。

另一部古代地理文献《水经注》，曾经记述了公元210年三国时代的曹操在邺县（今河南省临漳县西）建造的冰井台煤矿，矿井深达50米，储存煤炭数千吨。宋代中国煤炭开采获得较大发展，发现了若干大煤矿并设立了专门负责采煤的机构，政府还实行了煤炭专卖制度。当时的首都汴梁地区"数百万人，尽仰煤炭，竟无一燃薪者。"对河南鹤壁宋代煤矿

❶ 岷山之首，曰女几之山，其上多石涅。——《山海经》

遗址的发掘表明，那时的采煤业已经具有较高的技术水平和比较完备的设施。

明代《天工开物》中记述，当时的人们对于煤矿的头号大敌——瓦斯的处理很有创意：开采前把一根粗大而中空的竹竿前面削尖，送到井下插入煤层中以将其中的大量瓦斯引出井外。

早在2000多年前的春秋战国时期，中国人就已经开始使用煤，到东汉末年煤就已作为重要的燃料进入普通百姓家，而欧洲直到16世纪才开始使用，难怪马可·波罗不识其为何物。

6.2 蒸汽机与第一次工业革命

英国是工业革命的发源地。不论工业革命到底为何在英国诞生，该国地底蕴藏着大量的煤炭资源绝对是关键因素之一，同时森林资源的短缺刺激英国人从生物质转而采用煤炭作为主要能源。1500至1630年期间，英国的木材价格猛涨7倍，速度比通货膨胀还快许多。1608年的树木普查数据显示，英国当时七大森林合计拥有232011棵树木，而到了1783年骤减为51500棵，于是人们只得开采更多煤炭。

高能量的煤不只是用于烹煮，更重要的是可以为"热机"提供动力。"热机"是一种将燃料的化学能转化成内能再转化成机械能的动力机械装置，最早的代表就是18世纪问世的蒸汽机。人们在烧水时就目睹了壶盖被蒸汽掀开的场景，并从中发现了蒸汽的力量。公元1世纪，古希腊早期的科学家希罗曾经制造出以蒸汽驱动且可以旋转的草地洒水装置。17世纪中叶，德国人奥托·冯·格里克将两个大小相同的半球体接合，并将其中的空气抽空，结果16匹马齐力拉扯都无法将球体分开。1680年，荷兰人克里斯蒂安·惠更斯认为，在金属筒里的活塞底下爆破火药，可以将活塞顶上筒顶并驱散筒中的气体，使金属筒内实现至少是部分的真空，然后大气压力又会将活塞推下真空，有人受此启发想到能够以此来"做功"。真正发明蒸汽机的是托马斯·纽可曼❶，他是西欧经济增长环境下所培养出的优秀工匠，虽然没受过什么正式教育，但是为他作传的作家认为他是"史上第一位伟大的机械工程师"。

在蒸汽机发明和应用之前，煤仅能作为燃料用于取暖、照明和烹煮等，主要

---

❶ 托马斯·纽可曼（Thomas Newcomen，1663~1729），英国工程师，蒸汽机发明人之一，他发明的常压蒸汽机是瓦特蒸汽机的前身。

是一个单纯的从化学能转化为热能的过程。此时人和其他动物的肌力，乃至风车、水车的力量，对于满足工业发展的需求，显得捉襟见肘、力不从心。整个社会都在期待新发明的来临。

　　1712年，纽可曼在英国斯塔福郡杜雷城堡深达46米的煤炭矿井附近架设起蒸汽机。这个机器的汽锅可容纳673加仑（约合3060升）的水，汽缸直径53厘米，高2.4米，活塞与气缸之间的空隙需要用湿皮革来充填。纽可曼燃烧煤炭以加热汽锅来产生蒸汽将活塞上推，之后将冷水喷入气缸内部使蒸汽凝结成小量的液体，使气缸变成真空，最后大气压力会将活塞推进真空的气缸中，动力引擎就此诞生了。活塞的运动可以通过与之相连的摇杆推动一连串的活塞和风箱等。第一部蒸汽机每分钟有12个冲程[1]，每个冲程可举起10加仑（约合45.5升）的水，约为5.5马力（4.1千瓦），在当时动力匮乏的英国与欧洲引起了巨大的轰动。仅在18世纪全世界就制造了至少1500台纽可曼蒸汽机，足以证明当时的社会需求有多么旺盛。当纽可曼于1729年离开人世时，他的发明已在萨克森、法国、比利时等地出现，到了1753年，第一代纽可曼蒸汽机也已经在美国新泽西州北阿灵顿出现。

　　纽可曼的发明是第一部能够提供大量动力的机器，其动力并非来自肌力、水力或风力，而是全新的自然力，它利用煤的燃烧把水加热，产生蒸汽，然后用来做功。这也是第一部在气缸中使用活塞的机械，可以日以继夜地连续运转。如果没有纽可曼蒸汽机的适时出现，18世纪英国的煤炭产业将不是趋于消亡就是停滞不前，无法继续迈向工业化。

第二篇　由火而始：我们走过的足迹

　　瓦特[2]是新一代工程师中的首位杰出人物，接受过良好的教育，而且与科学家和创业资本家关系良好。1764年，瓦特改良了纽可曼蒸汽机，与其对着炽热的气缸喷冷水，为什么不干脆利用蒸汽自己的动力与正在下降的活塞力道，将蒸汽推入相连但尚未加热的空间里使其自己凝结？十多年后，瓦特安装了两部这类蒸汽机，

↑瓦特蒸汽机模型

---

❶ 发动机的活塞从一个极限位置到另一个极限位置的距离称为一个冲程。

❷ 詹姆斯·瓦特（James Watt，1736～1819），英国工业革命时期发明家，造出世界上第一台有较大实用价值的蒸汽机。

运行效果令人满意。到1800年，瓦特蒸汽机每单位重量煤炭所产生的动力是最新式纽可曼蒸汽机的三倍，应用范围从矿井抽水扩展到磨粉、造纸和冶炼等各种行业。但是，瓦特的原始蒸汽机仍然需要消耗太多煤炭，又过于庞大和笨重，无法真正成为车辆或船只的动力来源，并且和纽可曼的机器一样需要依赖大气压力将活塞推入气缸，动力和速度受到局限。

18世纪与19世纪之交，在瓦特的专利过期后，各式各样的蒸汽机改良与应用技术如雨后春笋般涌现，高压蒸汽机仅仅在几年内就问世了，它利用蒸汽拉出与推进活塞，还连接曲柄和连接杆，大幅改革了英国的工业生产活动，数年后就传播到世界各地。1800年，英国的特里维西克设计了可安装在较大车体上的高压蒸汽机。1803年，他把它用来推动在一条环形轨道上开动的机车，找来喜欢新奇玩意儿的人乘坐，向他们收费，这就是机车的雏形。英国的史蒂芬孙将机车不断改进，于1829年创造了"火箭"号蒸汽机车，该机车拖带一节载有30位乘客的车厢，时速达46千米/小时，引起了各国的重视，开创了铁路时代。

蒸汽机改变世界 🔍

纺织业是受到蒸汽机影响最大的产业，也是第一个因为引入蒸汽机而商业化的产业。早在1800年，用蒸汽驱动的走锭细纱机每单位时间的产量，就已相当于200~300名纺纱工人每单位时间的总产量。

于是在英国以及不久之后的美国新英格兰❶，纺纱及制衣工厂每年都会生产数以千英里计的棉纱与衣服，而且比过去的产品更加价廉物美。然而纺织业的爆炸式发展促使美国南部转变成单一的棉花栽种区，这种劳动力密集的耕作业仍然依赖主要由奴隶提供的原始自然力——肌力，使得原本逐渐趋于灭亡的奴隶制起死回生。

19世纪的工业革命迅速改变了全球经济，也使得全球的权力平衡重新布局。例如，英国工厂的生产速度与产量几乎重创了印度的传统纺织业，致使成千上万的当地农民失去生计。在18世纪，印度、中国与欧洲的GDP累积占全球总GDP的70%，三者大致各占三分之一；然而到1900年，中国占全球制成品的比率跌到7%，印度更是暴跌到2%，而欧洲却提升到60%，美国提升到20%。

---

❶ 新英格兰是位于美洲大陆东北角、濒临大西洋、毗邻加拿大的美国六个州的区域。

蒸汽机对全球交通运输业产生了极为重大的影响。19世纪初期，原始的蒸汽机车已经开始"轰轰"运转。1830年，名为"火箭"的火车头拖着一列火车从利物浦来到曼彻斯特，十年后，英国的铁路线已经长达2253千米，欧洲大陆为2414千米，美

↑工人向蒸汽机里添煤

国则绵延7403千米。1869年，两岸人口密集但内地空旷的美国建造了第一条横跨大陆、连接东西海岸的铁路，而世界各地都在计划进行例如建造从开普敦到开罗、跨西伯利亚铁路等等一系列令人咋舌的投资。

蒸汽机在航海上所创造的革命也很壮观。1838年，"天狼星号"与"大西方号"竞相从英国港口出发前往纽约，争夺第一艘实现远洋航行的蒸汽动力轮船的荣耀，最后"大西方号"赢得了胜利。"天狼星号"以平均每小时6.7节（约合12.4千米/小时）的速度花费18天又10小时；"大西方号"则以平均每小时8节（14.8千米/小时）的速度，花费15天完成旅程——它拥有四个汽锅以及两个最新型的引擎，消耗了200吨煤炭。它们大约比靠风力航行横渡大西洋节省了一半时间。

蒸汽动力不仅大幅提高了货物运输的速度与可靠性，而且促进了人口流动，人们借助铁路从乡村到城市、从发达地区到不发达地带，还有大量欧洲移民乘坐蒸汽轮船前往欧洲在海外的各个殖民地和美国。同时，还有数百万人离开印度与中国前往美国、南非、东非、毛里求斯、太平洋群岛以及世界各地，出卖劳动力去种植作物或者建造船坞、公路与铁路。从1830年到1914年，越洋移民的总数高达1亿人，无论移民者来自何处去往何方，他们绝大部分都是靠蒸汽轮船漂洋过海。

生产力巨额增长，全球权力与影响力重新洗牌，全球霸权中心转移，人口移动频繁等等情形前所未有。美国政治家丹尼尔·韦伯斯特❶极力颂

---

❶ 丹尼尔·韦伯斯特（Daniel Webster，1782～1852），美国著名的政治家、法学家和律师，曾三次担任美国国务卿，并长期担任美国参议员。

扬蒸汽机："它可以开船、抽水、挖掘、载物、拖曳、举物、捶打、织布、印刷。它仿若一个人，至少属于工匠阶级。停止你的体力劳动，终止你的肉体苦力，把你的技能与理智用来引导它，它将承担这所有辛劳。不再有任何人的肌肉感到疲倦，不再有任何人需要休息，不再有任何人会感到上气不接下气。我们无法预测未来会如何改进运用这种惊人的动力，任何推测都将徒劳无功。"

在以往的整个人类历史上，所提到的动力仅仅只是指肌力，集中农奴和奴隶无疑是它最有效的运用方式，然而获取无限动力的最佳之道从某一天开始却已悄悄变成给自己一部蒸汽机。❶

7 电磁之光：信息文明的标尺

7.1 内燃机时代的到来

1870年以后，科学技术的发展突飞猛进，各种新技术、新发明层出不穷，并被迅速应用于工业生产，大大促进了经济的发展。新事物的发明和应用，不再需要像远古时代那样以百万年计的时间来等待。

人们努力改良蒸汽机，效率不断提升。与1830年的蒸汽机相比，1900年的动力蒸汽机的运转效率是它的五倍，螺旋桨代替桨轮产生了更大的动力。但仅此改良还不够，真正要实现突破必须找到比煤炭能量密度更高且更容易输送的燃料，人们有强烈的需求寻找出更加有效的能源形式。石油和内燃机的精妙配合，产生了更加高效的能量，迅速得到了人们的青睐。

石油又称原油，是一种粘稠的、深褐色液体，存在于地壳上层部分。石油与煤一样，是古代生物经过漫长的演化形成的，属于化石燃料。与煤炭相比，石油的能量密度大约高出50%，并且是液态，更容易包装、储存与输送。19世纪石油工业的发展缓慢，提炼的石油主要是用来作为油灯的燃料。而到20世纪初，随着内燃机的发明，情况骤变，迄今为止石油一直是最重要的内燃机燃料。

交通运输的革命进一步扩大了对化石能源的需求。马匹尽管实用但却容易疲倦，有时还不太合作，而且"坏了"也无法进行修理。19世纪中叶，蒸汽机取代

---

❶ 参见（美）阿尔弗雷德·克劳士比（Alfred W.Crosby）：《人类能源史——危机与希望》，中国青年出版社，2009。

马匹繁忙地在大大小小的城市之间，运送着大量的旅客和庞大笨重的货物，但是铁路与大型蒸汽轮船的建造成本昂贵，发动机与汽锅十分笨重，很难融入日常社会生活，限制了人们进行短途旅行的交通需求。

有些工程师与发明家觉得蒸汽机燃烧源自太阳的燃料，然后将水转换成蒸汽以推动活塞的运作原理间接而又低效率，为什么不直接在活塞"内部"燃烧燃料呢？"内燃机"难道不比蒸汽机更好吗？这一思路也曾经启发过纽可曼以及早期蒸汽机开发者，他们也进行了很多努力。17世纪，部分受到枪炮原理启发的发明家，试图制造出由火药驱动的活塞却未成功，因为他们无法控制爆炸的速率或无法在爆炸后持续为汽缸填装火药，然而"内燃机"的理念延续了下来。

1863年，原本四处奔波的德国推销员尼考罗斯·奥古斯特·奥托❶转行成为工程师，建造了令人联想到纽可曼蒸汽机的机器，但其燃料可能是煤气，通过在气缸内部引爆而向上推动活塞，然后再靠活塞本身的重量与大气压力将它自己推回汽缸。虽然这部机器为他带来了一些名气，但还不是他心中所设想的那种力量强大且运作顺畅的机器。

奥托又耗费十多年的时间，终于制造出可以容纳一连串爆炸并能控制其程度的机器。1876年，奥托为这部划时代的四冲程发动机申请了专利，命名为"奥托发动机"。它由电池或手摇曲柄等启动第一个步骤，即将活塞拉回，让燃料和空气进入气缸；然后活塞推进，将燃料和空气混合，确保燃料可以完全且均匀地燃烧；接着火焰或火花会点燃空气与燃料的混合物，以小规模的爆炸将活塞推回，这是四冲程中的动力冲程；最后一次冲程中活塞再度推进，将燃烧后的废气排出，至此内燃机依照惯性自行运作，理论上将持续到燃料耗尽为止。奥托发动机是第一部可实际应用的内燃机，而且至今仍然应用在我们的汽车中。

在其他类型的内燃机中，最有名的当属鲁道夫·狄赛尔❷所发明的柴油机，以未提炼过的石油作为燃料，能够更高效率地运转。没过多久，非常有效率的内燃机——涡轮机又问世了。

内燃机的发明把我们带上了天空。法国人克雷芒·阿德尔❸成功地发明了第

049

---

❶ 尼考罗斯·奥古斯特·奥托（Nicolaus August Otto，1832～1891），德国科学家，发明了四冲程循环内燃机并将之实用化。

❷ 鲁道夫·狄赛尔（Rudolf Diesel，1858～1913）德国工程师与发明家，柴油机的发明人，被誉为柴油机之父。

❸ 克雷芒·阿德尔（Clément Agnès Ader，1841～1925），法国工程师，发明了历史上第一架飞机。

一架飞机，他的"飞机三世"是一架拥有类似蝙蝠双翼的飞行器，配备两台20马力（约合15千瓦）的蒸汽机，于1897年成功起飞，然而配备着装满水汽锅的蒸汽式飞机实在过于笨重，本身就给飞行带来了巨大的负担。莱特兄弟❶威尔伯与奥维尔设计了自己独创的内燃发动机，可产生12马力（接近9千瓦），发动机本身加上燃料与配件的总重量才200磅（约90.7千克），并于1903年翱翔蓝天。

↑ 早期的飞机

　　飞机为人类插上了翅膀，使飞天的梦想成为现实，让科技不仅伟大而且神奇。不过另外一项发明——汽车带来的好处更加普遍和实用。1885年，奔驰、戴姆勒和迈巴赫三人造出的三轮汽车是第一部可以实际上路行驶的汽车，第一部梅塞德斯·奔驰汽车于五年后正式上路。汽车起初被认为是马车的延续、富人的玩物，1903年以亨利·福特❷为首的美国人，生产出A型福特汽车，再经过五年的努

---

❶ 莱特兄弟，指的是威尔伯·莱特（Wilbur Wright，1867～1912）和奥维尔·莱特（Orville Wright，1871～1948）两兄弟，美国发明家，现代飞机的发明者。

❷ 亨利·福特（HenryFord，1863～1947），美国汽车工程师与企业家，福特汽车公司的建立者，首创使用流水线大批量生产汽车，使汽车成为一种大众产品。

力、试验了20种车型之后，生产出"便宜小汽车"——T型福特汽车，其后又以这款底盘为基础生产了其他九种车型，包括双人座小汽车、轻型卡车等等。T型车坚固耐用，易于操作和维修，成为适合个人和家庭的廉价交通工具。1925年，一辆T型车的售价仅为260美元，从中产阶级到在福特公司工作的普通员工都能买得起，到1928年T型车停产之前，累计产量达1600万台。汽车工业让各国的汽车数量与日俱增，到20世纪结束时，全球马匹数量减少，但汽车数量却高达5亿辆，还未包括卡车、公共汽车、拖拉机和坦克等在内。

人们对石油十分依赖甚至贪婪，然而大自然留给我们的积蓄是有限的，很快我们就会将其透支了。此时，石油给我们带来的不再只是文明的一面，对其争夺而引发的战争让很多人家破人亡，痛苦不堪。人类在驯化能源的同时，不知不觉中也成为能源的"猎物"和"祭品"。

现代工业的血液——石油

早在公元前10世纪之前，古埃及、古巴比伦和古印度等文明古国就已经开始采集石油渗出地表经长期暴露和蒸发后的残留物——天然沥青，用于建筑、防腐、粘合、装饰和制药等。古埃及人甚至能估算油苗中渗出石油的数量，楔形文字❶中也有关于在死海沿岸采集天然石油的纪录。

公元5世纪，在波斯帝国的首都苏萨（Susa）周围出现了人们用手工挖成的石油井。最早把石油用于战争的也是中东，在荷马的名著《伊里亚特》中描述了"特洛伊人不竭地将火投上快船，那船顿时升起难以扑灭的火焰"的场景。当波斯国王塞琉斯预备篡夺巴比伦时，有人提醒他巴比伦人可能会进行巷战，塞琉斯回答可用火攻："我们有许多沥青和碎麻，可以很快把火引向四处，那些在房顶上的人要么敏捷分开，要么被火吞噬。"

最早从原油中提炼出煤油用作照明的是欧洲人。19世纪40~50年代，利沃夫的一位配药师在一位铁匠辅助下做出了煤油灯。1854年，灯用煤油已经成为维也纳市场上的商品。到1859年，欧洲开采了36000桶原油，主要产自加利西亚和罗马尼亚。

如今石油已成为世界的主要能源之一，在国民经济中占据极其重要的

第一篇 由火而始：我们走过的足迹

❶ 楔形文字（cuneiform），也称"钉头文字"或"箭头文字"，古代西亚地区所用文字，多刻写在石头和泥版（泥砖）上。

地位。石油是优质动力燃料的原料，汽车、内燃机车、飞机与轮船等现代交通工具都是以石油的衍生产品——汽油、柴油作动力燃料的；新兴的超音速飞机等也都以从石油中提炼出的高级燃料作为动力；石油也是提炼优质润滑油的原料，一切转动的机械"关节"中添加的润滑油都是石油制品。

石油还是重要的化工原料，可加工出5000多种重要的有机合成原料，如常见的色泽美观、经久耐用的涤纶、尼纶、腈纶和丙纶等合成纤维，能与天然橡胶相媲美的合成橡胶，苯胺染料、洗衣粉、糖精、人造皮革、化肥和炸药等等都是由石油产品加工而成的。

石油经过微生物发酵还可以制成合成蛋白。一种嚼蜡菌被放入石油中后，会以惊人的速度繁殖起来，每公斤菌体会含有相当于20只鸡蛋所含的丰富蛋白质。如果将目前世界上年产30多亿吨石油中的一半石蜡制成蛋白质，可制得1.5亿吨人造蛋白，这是十分可观的资源。现在，人们已经把嚼蜡菌体作为饲料，在不久的将来还会被用来制作味道鲜美、营养丰富的食品，送上我们的餐桌。

石油就连炼油后最终剩下的石油焦和沥青也都是宝贝。石油焦可以作为炼钢炉里的电极以提高钢产量，还可用作制造石墨的原料，而沥青则可以制作油毡纸或用以铺路。石油具有如此丰富而重要的用途，被誉为"现代工业的血液"名至实归。

7.2 从磁力到电力的转化

电是一种自然现象，是一种能量，通常所说的电是指电荷或者电子的定向移动。从400万年前开始，闪电就帮助我们取火，开启我们的文明。我们很早就学会人工取火，而直至第二次工业革命我们才驯化了电，成功地学会人工取电并且应用，因为电更加神秘和危险，规律更难掌握。电提供的能源让我们非常满意，可以快速、大规模地运输，又能转换成为热能、机械能、化学能、光能。

古希腊人发现摩擦琥珀可以使它吸住羽毛，所以电的英语单词"electricity"源于希腊文里的"ηλεκτρου"即"琥珀"。当英国女王伊丽莎白一世[1]的御医威

---

[1] 伊丽莎白一世（Elizabeth I，1533～1603），英格兰王国和爱尔兰女王，1558年～1603年在位，是都铎王朝最后一位君主。她在经过近半个世纪的统治后，使英格兰成为欧洲最强大的国家之一，英格兰文化也在此期间达到了一个顶峰。

廉·吉尔伯特❶发现除琥珀外还有其他多种物质在摩擦后也会获得磁性时，人们开始了对电的研究。100年以后，另一位英国人弗朗西斯·霍克斯比发明了真正可付诸使用的静电装置：他给中空的玻璃球装上曲柄，高速旋转玻璃球并用皮垫来摩擦它，这个装置会产生火花以供娱乐，也能产生足够的电力来进行实验。

1746年彼得·冯·穆欣布罗克❷在荷兰的莱顿城发明储存电的装置，被称为"莱顿瓶"它最早只是一个简易的水瓶，一根金属线垂直插在瓶中，一半在水里一半在外面，后来发展为瓶内外都由金属包裹。电力从大型的霍克斯比静电装置传递出来后，通过莱顿瓶里的这条金属线，电荷可以保持一段时间甚至数天之久。

霍克斯比静电装置和莱顿瓶所提供的少量电力，无法满足真正能够促进科学大发展重要实验的需要。意大利人亚历山德罗·伏特❸在18世纪发明了制造稳定电力的装置。伏特运用的是化学方法，他用铜片、锌片以及盐水浸湿过的硬纸板制造出所谓的"伏特电堆"。铜片会向潮湿的硬纸板释放电子，锌片接收电子，未能固定下来的电子则通过单独的金属线流出，这就形成了最早的电池，可以持续提供电流直到液体被蒸发掉或者锌被溶解掉。

在电磁学里下一位取得重大成就的英雄是英国人迈克尔·法拉第❹。1820年，荷兰人汉斯·奥斯特❺发现了电流磁效应：他把一条非常细的铂导线放在一根用玻璃罩罩着的小磁针上方，接通电源的瞬间磁针产生了偏转。奥斯特经过反复实验，发现磁针在电流周围都会偏转，在导线的上下方，磁针偏转方向相反，而在导体和磁针之间放置非磁性物质，比如木头、玻璃、水和松香等，不会影响磁针的偏转。法拉第不断重复奥斯特的实验并将之加以改进，不但指针可以旋转，就连铜锌片也都可以旋转。他想到如果操作电力和磁力可以产生"运动"，那么还有其他的运作方式吗？1822年，法拉第在他的笔记本里写下："将磁力转化为电力"的字样。

第一篇　由火而始：我们走过的足迹

---

❶ 威廉·吉尔伯特（William Gilbert，1540～1605），英国伊丽莎白女王的御医、英国皇家科学院物理学家，在电学和磁力学方面有较大贡献。

❷ 彼得·冯·穆欣布罗克（Pieter van Musschenbroek，1692～1761），荷兰科学家。

❸ 亚历山德罗·伏特（Alessandro Giuseppe Antonio Anastasio Volta，1745～1827），意大利物理学家，于1800年发明伏特电堆。

❹ 迈克尔·法拉第（Michael Faraday，1791～1867），英国物理学家、化学家，发明家，发电机和电动机的发明者。

❺ 汉斯·奥斯特（Hans Ørsted，1777～1851），丹麦物理学家、化学家和文学家，首先发现电流磁效应。

九年之后，法拉第发现当他将磁棒来回进出于连接电流计的金属线圈时，电流计显示有电流产生，这证实了磁力与"运动"可以制造电力。法拉第以此为依据制造了世界上首台"发电机"：在马蹄型磁铁的两极之间用手握着曲柄转动铜锌片，产生微弱的电力流动（美国人约瑟夫·亨利❶几乎也在同时有了相同的发现，但晚于法拉第公布）。

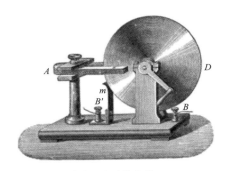

↑ 法拉第设计的圆盘式发电机

法拉第与奥斯特双双发现电力、磁力与运动三者之间的密切联系，只要控制前面两项，就可以产生运动，若是控制后面两项，就能够制造电力。法拉第之后的第一代发电机在设计上都很类似，都是用一个金属线回路在永久磁铁的两极之间旋转，或是在金属线回路的两端旋转永久磁铁。法拉第的发电机只能产生微弱电流，而其后的早期发电机，按照使用天然磁石的设计虽然可以发出更大的电力，但还不足以开创新文明：天然磁石的力量还不够强大。

约瑟夫·亨利和其他发明家用输送电流的绝缘金属线来缠绕大型的马蹄型软铁心，将它们转变成了电磁铁，可以根据不同需求调节电力，亨利应用电磁铁所设计的装置一次就能举起一吨的重物。1866年，德国人维尔纳·冯·西门子❷在他试图发明的发电机中试验电磁铁时，电流突然像莱茵河水般狂泻而出。

法拉第是以手动方式旋转磁铁两端之间的线圈回路而获得电力的，因此第一次发电的动力来源是肌力。发电机将燃机、水车、风车的机械能转化为电能，电能又可以在电动马达上转化为动能，用于需要转动的设备，如交通工具、纺织机器等。

电除了带来动力，还带来光明。弧光灯是最早得到广泛应用的电气照明设备：先将两根炭棒接触以产生强大的电流，然后将之分开，中间就会形成电弧并燃烧炭棒产生灿烂的光线。弧光是大型空间的最佳照明工具——例如城市的广场与体育馆，还可以为某些著名街道和大片街区提供照明，然而不适合家居照明：它太亮又有令人难以忍受的嘶嘶声。

---

❶ 约瑟夫·亨利（Henry Joseph 1797～1878），美国物理学家，在电学上有杰出贡献。

❷ 维尔纳·冯·西门子（Werner von Siemens，1816～1892），德国工程学家、企业家，电动机、发电机、有轨电车和指南针式电报机的发明人。

许多人开始尝试研发白炽灯以提供理想的家居照明，累积了大量的资料使后来的发明家获益良多。托马斯·阿尔瓦·爱迪生[1]和工作人员试验过数百种物质，最后终于研制出炭化竹灯丝真空灯泡并于1880年申请了专利。到了20世纪，钨成为灯丝的最佳选择，灯泡也由真空设计改为填充惰性气体。

电除了应用广泛外，更大的优势在于极易输送。我们可以直接在煤矿或者尼亚加拉大瀑布附近安装发电机，就地燃烧煤炭或利用瀑布来发电，然后通过电缆输送给远方的用户。

在19世纪的最后几年里，西方文明迅速进入到电气化时代，其他地区也有意识地紧随其后，踏上"电气"之路。

迈入"信息时代" 🔍

在社会活动中，信息交流十分重要。在科学技术极不发达的过去，远距离通信手段非常落后，给生产和生活都带来了极大不便。在现代社会，我们利用各种各样的先进通信工具，在瞬息之间就可以完成长距离甚至是环球的信息交流。亚历山大·格拉汉姆·贝尔[2]在1876年3月10日发明的电话，可以说是其中最方便、实用的一种。

贝尔于1847年出生在英国的一个声学世家，从小就喜欢思考问题，经常把各种东西拆拆装装，在15岁时就对老式水磨进行了改进，使其生产效率大大提高。后来，贝尔移居加拿大和美国，发明了一种帮助聋哑人恢复听力的仪器，还对留声机做了改进。

研制电话要从19世纪电报的发明说起。当时火车、轮船已经开始作为传播信息的工具，但进行远距离甚至越洋通信要消耗的时间太长，人们渴望拥有一种既简单又迅速的信息传递工具。在17世纪末18世纪初被发现后，立刻被引入了通信工具的研制领域。

1832年，美国的莫尔斯[3]开始利用电磁原理研制有线电报并于1837年获得成功，同时利用长短脉冲信号的不同组合编出了英文字母电报编码。

第一篇　由火而始：我们走过的足迹

---

❶ 托马斯·阿尔瓦·爱迪生（Thomas Alva Edison，1847～1931），美国发明家、企业家，拥有2000余项发明，包括留声机、电影摄影机和白炽灯等，创办了通用电气公司。

❷ 亚历山大·格拉汉姆·贝尔（Alexander Graham Bell，1847～1922），美国发明家和企业家，他获得了世界上第一台可用的电话机的专利权，创建了贝尔电话公司（AT&T公司的前身）。

❸ 莫尔斯，全名萨缪尔·芬利·布里斯·莫尔斯（Samuel Finley Breese Morse，1791～1872），美国发明家，有线电报机和莫尔斯电码的发明者。

1844年，他在华盛顿和巴尔的摩之间架设了一条实验性电报线路，完成了电报传讯的重大试验，有线电报正式出现。

1875年，贝尔对波士顿的电报机进行了认真观察，认为电报机能够把电流信号和机械运动进行相互转换的关键是使用了一个电磁铁。于是贝尔受此启发开始设计制造电磁式电话，并在经过无数次的探索和失败后获得了最终的成功。1876年6月，电话问世并很快在全世界得到了普及。

电话使我们的感官功能得到了极大的扩展，通信进入到一个革命的时代，贝尔对社会的进步做出了巨大贡献。

随着通信技术的不断发展，无线电技术也在19世纪末20世纪初出现。1887年，德国物理学家赫兹❶通过实验证明了电磁波现象，科学界因此把电磁波叫作赫兹电波。有些人想到利用赫兹电波来传递信息，法国人爱德华·布冉利、英国人奥利弗·约瑟夫·洛奇和俄国人波波夫等都分别进行了各种试验，为无线电的发明奠定了一定的基础。

↑无线电报之父——莫尔斯

↑早期的人工电话交换机

赫兹电波的研究也吸引了意大利人马可尼❷，他针对当时架设有线电话、电报的困难情况提出了大胆的设想：能否利用赫兹电波进行远距离通信？在这种兴趣的指引下，马可尼从1894年开始广泛搜集有关赫兹电波和电报通信方面的资料，并认真研究了当时一些科学家利用电磁波进行通

❶ 赫兹，全名海因里希·鲁道夫·赫兹（Heinrich Rudolf Hertz，1857～1894），德国物理学家，于1887年首先证实了电磁波的存在。

❷ 马可尼，全名伽利尔摩·马可尼（Guglielmo Marchese Marconi，1874～1937），意大利电气工程师、发明家，无线电技术的发明人。

信的思路，决定进行无线电报的实验。通过对实验设备的不断改进，他终于在1895年成功进行了无线电波传递实验。在英国的支持下，马可尼又成功地进行了12千米距离的通信；1896年，在英国获得了无线电发明专利；1897年，在英国西海岸成功进行了无线电跨海通信实验，这是人类第一次不用导线把信号传过海湾，完全实现了无线电通信；1901年12月，无线电通信试验取得了决定性的成功，实现了从英国的康沃尔到加拿大的纽芬兰长达2000多英里的无线电跨洋通信，标志着无线电报已经成为全球性的事业。后来，马可尼又进一步改进无线电报

↑磁性壁挂电话

装置，研制出水平定向天线，并将整流管用于无线电通信装置上。

　　无线电技术实现了远距离通信，使地球上不同区域之间的信息交流大为便捷，推动了迈入信息时代的进程。

7.3　争议中发展的核电

　　地球上的煤、石油和天然气等化石能源的形成需要经历漫长的时间，而在现代工业化的使用下，瞬间就被消耗掉。这样一来，储存量日益减少，入不敷出的日积月累，形成了国际性的"能源危机"。为解决能源问题，必须努力发现新的替代能源。经过无数周折，核能技术在困惑中不断取得重大进展并得到国际公认，成为有望解决能源危机的重要手段之一，其开发利用是近一个世纪来科技发展的重大成果。

　　原子核虽小，却蕴藏着巨大的能量，根据爱因斯坦的质能方程，裂变或聚变反应中释放的能量（E）等于质量（m）乘光速（c）平方的积。当铀原子核受到一个热中子的轰击，它就会分裂成两个新的原子核，同时释放出能量，这就是核裂变。在一个原子核裂变的同时能放出两三个快中子，快中子可以通过慢化剂减速为热中子，如果其中又有一个热中子轰击其他的铀原子核使之发生裂变，这种

连续裂变反应就称为链式分裂反应。由于裂变反应速度很快，每秒可以产生1000代中子，所以很短时间内就可以使大量的铀原子核连续分裂，源源不断地释放出巨大的能量。

核能发电是目前利用核能的主要形式，其主要原理是利用铀燃料进行核分裂连锁反应所产生的热，将水加热成高温高压蒸汽，利用蒸汽推动蒸汽轮机并带动发电机。单位质量核燃料反应所放出的热量相当于化石燃料燃烧所释放出能量的几百万倍。1954年，苏联建成世界上第一座装机容量为5兆瓦的奥布宁斯克核电站，英、美等国随后也相继建成各种类型的核电站。截至2011年底，中国已有17台核电机组、总装机容量1476万千瓦并网运行。除了应用于发电之外，核能还应用于军事，如原子弹、核动力航空母舰、核动力潜艇等。

核能应用是缓和世界能源危机的一种有效措施，具有诸多的优势。首先，世界上有比较丰富的铀、钍、氘、锂、硼等核燃料资源，而在2020年即将到来的首批"第四代"核电站问世之后，铀燃料的供应将能在更长时间内满足需求。"第四代"核电站不仅能对核废料进行再利用，而且能使发电量提高到现在的50倍。其次，核燃料体积小而能量大，能量密度比化石燃料大几百万倍，1千克铀释放的能量就相当于2400吨标准煤释放的能量。再次，在对温室效应的影响方面，核电站每千瓦时电量的二氧化碳排放量只有煤炭火力发电的五十分之一。最后，核能利用成本较低，核电站的基本建设投资一般是同等火电站的一倍半到两倍，但其核燃料费用却要比煤便宜得多，运行维修费用也比火电站少。在核能发电中，每千瓦时电力价格只有5%来源于铀。

发展核能，安全因素至关重要。因为受到原子弹的危害阴影以及可能发生核泄漏的灾难性后果的影响，使得人们对和平利用核能产生排斥。继苏联切尔诺贝利、美国三厘岛核事故之后，日本由大地震引发的福岛核事故又引发了各界对核电站安全的新一轮关注，也促使各国重新审视核电发展策略。种种事实表明，核能还远未融入大众的心，人们担心再次出现切尔诺贝利式的重大核事故，或者发生针对核电站的恐怖袭击。核能发展还有一个重要制约因素就是核废料的处理问题，核废料具有放射性，对生物有辐射危害，而且其半衰期长达数千年、数万年甚至几十万年。

虽然饱受争议，但核能的加速发展在许多国家还是成为一大趋势：中国计划到2020年再建造30多座核电站，总装机容量将达到4万兆瓦；印度目前正在兴建9座核电站，将使总装机容量从现在的2.5兆瓦上升到2万兆瓦；俄罗斯同样不遗余力，切尔诺贝利事故之后被冻结的核电站项目已经重新上马；作为世界核能开发领头羊的美国，也于2005年通过了重新开发核能的法案，并推出多项措施以消除投资者顾虑。太阳能、风能和地热能虽然清洁，但毕竟利用的规模有限，而常规的化石资源也日趋紧缺，因此发展核电站似乎成了首选。

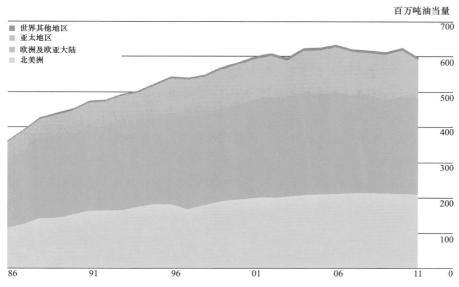

↑ 全球分区域核能消费量（来源：《BP世界能源统计2012》）

核废料标记——1万年

第一篇　由火而始：我们走过的足迹

　　1991年一个夏季的早晨，一组来自各领域的专家参观了位于地下655米深处的美国洛斯莫达诺斯（Los Modanos）盐矿。该矿地处人迹罕至的新墨西哥州沙漠腹地，离最近的城市卡尔斯贝（Carlsbad）42千米。是什么促使这些杰出的语言学家、人类学家、考古学家、材料工程师甚至科幻小说家来此进行洞穴探险？——他们被美国能源部邀请加入了一个特殊计划的智囊团。

　　这座盐矿实际上是一座具有重大战略意义的"废物隔离示范装置"（Waste Isolation Pilot Plant，WIPP），很快就会接收美国核武器制造计划所遗留的废料。的确，自1942年制造第一颗原子弹的"曼哈顿计划"起步以来，美国已经积累了成千上万件受钚或镅污染的机床、容器及工作服，足

以释放几万年的 α 射线。到2033年左右，当埋入的废料达到17.6万立方米（约为大金字塔体积的7%）时，该矿井将被彻底封闭，有关专家担保盐岩所起的隔离保护作用至少能持续25万年。

不过，这一全球首例放射性物质填埋计划却引起了人们的不安：如果我们有一位遥远的后代无意间凿开了这个"潘多拉的魔盒"该怎么办？该地区的钾矿十分著名，地下还蕴藏着丰富的油气资源，这些都很有可能吸引未来的勘探者，总之有很多因素都会招致灾难性的后果。这些促使美国政府布置了一个乍看起来略显荒谬的任务：警示我们至少一万年内的后人在这片区域中挖凿钻孔十分危险！

于是便有了前面提到的专家们应召钻入矿井，思考如何为这一"危险品仓库"设立警示标记。他们必须炮制一条未来400代人——无论届时人类的知识和文化状态如何变化——可读并且可以理解的信息，专家们发现这个工作极其棘手。

直到今天，虽然大部分核国家都已开始考虑核废料深埋问题，WIPP仍是世界上唯一一个投入使用的放射性废料处置场。就算在选址时万般小心并且远离我们所知的资源，这些深埋点仍须面对同一个挑战：经得起遗忘！该挑战涉及的，可能还不止在岩洞中埋葬核废料的计划，因为焚化炉生产的有毒废料和工厂里累积的重金属的毒性同样持久。数千年后来自现在的安全机构或企业的警戒肯定早已烟消云散，专家们曾对人类制度的历史记忆进行过评估，结论是：在最好的情况下这些记忆也无法维持500年以上。当然，梵蒂冈保存着8个世纪以来的资料，但这与WIPP所需的标志相比简直不值一提——后者至少需要持续100个世纪！

（改写自2009年2月《新发现》杂志同名文章）

第三篇
困局丛生：我们面临的挑战

　　工业革命至今，科学技术突飞猛进，生产力水平不断跨越，特别是20世纪以来，"发展"已成为全人类奏响的最为嘹亮的号角。然而，非均衡发展、不可持续发展产生的问题开始逐步显现：全球气候变暖正被热议，生态环境污染已成隐患，自然资源尤其是化石能源紧缺难题急需破解，因能源而起的争端此起彼伏屡见不鲜。与能源直接或间接相关的困局丛生，成为我们无法回避的严峻挑战。

8 气候变暖：正在热议的焦点

8.1 海平面上升"生死时速"

工业革命后特别是近几十年以来，由于煤炭、石油和天然气等化石能源的广泛使用，排放出大量的二氧化碳，形成一种无形的罩子，使太阳辐射到地球上的热量无法向外层空间发散，导致地球表面变热，这就是温室效应。温室效应造成的全球气候变化给人类及生态系统带来了种种灾难：极端天气、冰川消融、永久冻土层融化、珊瑚礁死亡、海平面上升、生态系统改变、旱涝灾害增加、致命热浪等等。

分布于世界各地的验潮计发现，全球海平面在气候变暖的影响下不断上升，甚至威胁到人类的生存，上演了一场惊心动魄的"生死时速"。自20世纪初以来，海平面已经上升了20厘米，特别是近几十年，海平面上升速度几乎增长了一倍，从20世纪平均每年上升1.8毫米增加到目前的每年3毫米以上，并且仍在加速。这一上升势头打破了3000年来海平面的大体稳定[1]，而这意味着什么，我们还无法清楚地预知。

温室效应之所以会造成海平面上升，首先是因为水的温度升高导致所占体积变大。大部分固体、气体和液体都具备这种被称作热膨胀的物理特性。20世纪90年代之前，四分之一的海平面上升便是由海洋的热膨胀造成的。其次是由于高山冰川、格陵兰岛和两极冰帽的融化使得海洋水量增加，仅格陵兰岛自2003年以来融化的冰雪就使得海平面每年大约上升0.21毫米，近年来两极冰帽沿海冰川也正发生着不可控制的崩塌。IPCC[2]曾预计，到2100年全球海平面将上升20~60厘米，但当时还未考虑到这一新情况。

两极冰川崩塌每年会向海洋中倾泻5000亿吨冰，其灾难性后果并不在于导致海平面上升本身，而在于它对自然灾害发生的频率和强度起着推波助澜的作用。沿海地区每年都会遭受风暴袭击，只不过因地域和气候不同，频率和强度各有差

---

[1] 参见武峥灏发表于2009年12月《科学大观园》上的《当海水上升3米》。

[2] IPCC（Intergovernmental Panelon Climate Change），联合国政府间气候变化专门委员会。

异。海水在风力的推动和能够将水"吸"向高处的低气压的共同作用下，形成了风暴，使得海浪在数天甚至数小时之内高涨到正常水平的数米之上，高达10多米、重达数百吨的巨浪将对沿海地区造成巨大的冲击。

近几十年以来，世界各地都出现了人口向沿海地区聚居的现象，迄今全球有20%的人口生活在距离海岸线30千米范围内的地区，而且还在不断增加。造成这种现象的原因多种多样：富有退休者人数的增加，三角洲地区肥沃的土地，沿海地区旖旎的风光，等等。在人口向沿海地区聚集的形势下，风暴的潜在威胁显得更为突出。更何况没有任何证据表明海平面上升一定会限制在IPCC所预计的60厘米内，灾害的不确定性大大增加。

↑冰帽在自身重力作用下崩塌

2007年，世界银行开展了一项研究，假设在海平面分别上升10~50厘米的情况下，84个沿海发展中国家将会有多少财产、农田和人口受到影响。研究表明，在海平面上升30厘米的情况下，中国共有1.35亿人口需要被重新安置，国内生产总值的3.2%和城市面积的2.5%将毁于一旦，农田的1.1%将被淹没，如果海平面上升50厘米，将会有3亿人流离失所。由于该研究未将风暴等灾害考虑在内，这些数据还有可能被大大低估。

大自然已经反复多次展示它不可预知的巨大魔力。2005年8月，从加勒比海刮过来的五级飓风"卡特里娜"登陆美国，造成相当于英国国土面积范围大小的自然灾害，夺去了新奥尔良及墨西哥湾沿岸1500人的生命，几十万人流离失所。2008年5月，热带风暴"纳尔吉斯"以192千米的时速袭击缅甸，造成近10万人死亡，约50万人无家可归。2012年10月，"山神"、"桑迪"连续肆虐东西半球。在东半球的南海，台风"山神"在菲律宾东南部的西北太平洋洋面上生成之后，一路向西北偏北方向移动，风力逐渐增强，从强热带风暴升级为强台风，与北方较强冷空气汇合，出现强降雨天气，导致山洪暴发，造成严重损失。而西半球的北美洲，被称为怪兽的超级飓风"桑迪"扑向美国东海岸，引发狂风暴雨，整个大西洋城一片汪洋。联合国总部所在地的美国第一大城市——纽约7条地铁线路被淹，皇后区50栋住宅起火，造成大面积停电，整个城市漆黑一团。这一席卷美国14州的飓风影响了至少6000万人口，造成高达1000亿美元的损失，超过2005年"卡特里娜"飓风。

类似的悲剧可能会更加频繁、更加猛烈。"这不是会不会有飓风袭击的问题，而是什么时候会袭击的问题。"2006年5月，美国飓风中心主任麦克斯·梅菲尔德在接受法新社记者采访时这样说。如果灾害发生在人口密集城市或地区，将直接危及数千万人口的生命和财产安全，这样的巨大灾难是谁也不敢想象和承受的。

可能被淹没的5个国家 🔍

图瓦卢。图瓦卢是南太平洋上一个非常小的岛国，由9个环形珊瑚岛群组成。从空中俯瞰该国，整个国土就像是大海中的一条狭长海堤，陆地面积仅为26千米²，周围都是无边无际的浩瀚海洋。由于海拔最高点只有4.5米，随着气温和海平面的上升，近年来该国的富纳富提环礁海岸线已向内缩小了一圈，海水推进大约1米左右。目前主岛上的陆地平均宽度只有20～30米，最宽的地方也只有几百米。如果海平面继续上升，那么图瓦卢或将成为首个由于气候变化而沉入海底的国家。

↑ 图瓦卢局部鸟瞰图

马尔代夫。印度洋岛国马尔代夫是全球闻名的旅游胜地，被誉为"人间天堂"。马尔代夫由26组自然环礁、1192个珊瑚岛组成，从空中鸟瞰，它仿佛是印度洋上的一串明珠。该国平均海拔仅1.2米，80%的国土海拔不超过1米。然而，这个"人间天堂"在不久的将来或许也会被海水淹没。IPCC指出，到2100年，上升的海平面将彻底淹没整个马尔代夫。马尔代夫总统穆罕默德·纳希德表示："如果气温再上升2℃，我们的国家将成为死亡区。作为总统，我无法接受；作为国民，我更无法接受。"

↑马尔代夫局部鸟瞰图

基里巴斯共和国。世界上唯一纵跨赤道且横越国际日期变更线的国家就是基里巴斯共和国。该国位于太平洋中部，由33个大小岛屿组成，各岛平均海拔高度不足2米，大部地区均属低平的珊瑚岛。基里巴斯总统阿诺特·汤说："多少年来，我们已经饱受了巨浪和潮汐带来的洪水之苦。由于受到海洋的严重侵蚀，近年来国内许多地区出现整个村庄搬迁的现象，我们的作物生产经常受到毁灭性打击，入侵的海水已经污染了岛上的淡水资源。"如果海平面平均上升40~80厘米，基里巴斯就将面临灭顶之灾。为此，基里巴斯已经做好了最坏的打算，必要时将把全国人口都搬迁至其他国家。

↑基里巴斯局部鸟瞰图

孟加拉国。孟加拉国是位于亚洲南部的海岸国家，位于南亚次大陆东北部由恒河和布拉马普特拉河冲击而成的三角洲上，南部濒临孟加拉湾，大部分国土为低平的冲积平原，平均海拔不到10米。由于气候变化，喜马拉雅山冰川融化速度加快，其中90%的雪水将流到恒河三角洲，正处于三角洲之上的孟加拉国将饱受洪水冲击和海水侵袭。孟加拉国外交部长迪普·莫尼说："如果海平面再上升1米，孟加拉国将有30%的国土被海水所淹没，最终会导致4000万人口无家可归。"据预测，到2050年，孟加拉国将会有2000万人因海平面上升而被迫背井离乡。

↑洪水中的孟加拉国

越南。越南位于中南半岛东部，东部和南部地区濒临南海。全球气候变暖引起的海平面上升也将对越南产生严重的影响，如果海平面再上升1米，越南红河平原和九龙江平原将有四分之三的面积被海水淹没，受灾人数将到全国总人口的十分之一。越南自然资源和环境部表示："气候变化已经影响到了越南，洪水、台风、干旱等自然灾害越来越频繁，而且越来越严重。尽管我们已经尽了最大努力去减小各种损失，但是越南每年还是有数百人死于自然灾害，造成数千万美元的经济损失，而且风险还将越来越大。"

↑洪水中的越南

8.2 季节紊乱搅混生物圈

季节紊乱被认为是人类大量使用化石能源所引发的又一不良后果。越来越多的研究显示，四季的特征正在发生变化：没有冰雪的冬季、提前来临的春天、漫长难耐的酷暑……而且这种改变同气候变暖有着密切的关联。在全球变暖的趋势下，周而复始的四季更迭发生了极大的紊乱，而这还仅仅只是开始。更为严重的是，季节紊乱使得整个生物链出现混乱，濒临灭绝的动植物都不得不努力适应这一环境的新变化。

从天文学来看，季节交替是随日照的角度及时间变化而出现的，取决于天体运动。以夏至（6月21日或22日）为例，这一天北半球白昼时间最长，所受到的日照最多。由于来自太阳的光照和地球自转轴倾斜角度基本稳定，因此天文季节的交替按部就班，不管有没有气候变暖的影响都不会发生变化。然而气象学和气候学并没有客观的标准来说明哪段时间是冬季，哪段时间是春季，只能从气候角度区分高温少雨和寒冷多雨两大季节，之间则是过渡季节。过渡季节的时间长短会根据各地的地形、海拔、植被甚至海洋等不同条件而发生变化。

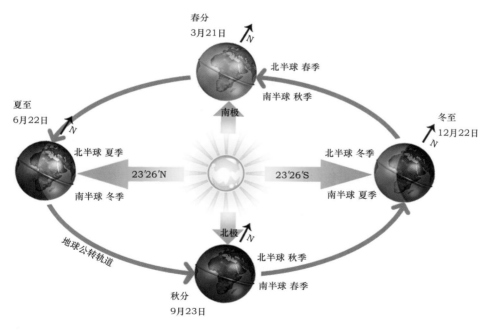

↑ 地球的公转及季节变化示意图

由于各地的主要季节及过渡季节的长短不同，这给主要以统计方法研究天气变化的气象学和气候学带来了很多困难。为了便于对同类数据（气温、降雨等）进行比较，要遵循惯例采用同天文季节最为接近的整月来划分四季。计算机模拟数据清楚表明，到2100年前后，各季的"正常"平均气温（根据最近30年的统计资料得出）将上升4~6摄氏度。

眼下，我们长久以来习以为常的寒冬正在逐渐消失。冬季冰期开始的时间越来越晚，结束的时间越来越早，每年冰期的天数不断减少，并可能最终完全消失。哪怕气温仅仅上升2摄氏度（这种情况很可能在2050年之前成为现实），冰雪覆盖面积就会减少40%~50%。在平原地区，现在就已难得一见的冰雪风情，届时将彻底成为遥远的记忆。相对慢慢消失的冬季而言，夏季却来势汹汹：如果目前的气候变化趋势继续保持，今后夏天的降雨会更少，最多也只能维持在当前的水平，而天气则会愈加炎热。根据计算机气候模拟预测，未来夏季的干旱情况会越来越严重，气温峰值也会大幅攀升。虽然土壤和植被中积蓄的水分具有极高的热容量，对降低气温有着显著作用，但是一旦这些水分被完全蒸发，就再也没有什么可以延缓汹涌袭来的热浪了。

既然寒冷的冬天逐渐变暖，炎热的夏天日益灼人，那么春天和秋天当然不可能"独善其身"，它们同样也会受气候变暖的影响。承夏季干旱的余绪，"秋老虎"能逞上好些日子的威风，春天作为受升温影响最小的季节，将越来越难以同冬季区分开来，而且随着每年第一波热浪来临时间的提前，真不知道还能留给"春之女神"多少时间……

虽然气象学研究对"过渡季节"未来变化的走向尚无定论，但是生物学却已经得出了自己的结论：春天来临的时间越来越早，而秋季开始的时间却越来越晚，因为我们能通过落叶植物的生长特征来解读四季的变化。春季从植物发芽时开始，到植物开花时结束，而标志秋天来临的是植物光合作用的停止、果实的完全成熟和叶片因植物汁液循环停止而发生的枯萎凋落。

造成这些变化的原因很简单，就是全球气候变暖的的确确正在改变四季长短和自然进程。气候变暖在拨乱季节"时钟"、改变季节特征的同时，也打破了生物正常的生长规律。

由于适应新环境和多样化发展的潜力并不相同，不同物种之间的平衡将被打破，生物多样性也将发生变化。鉴于生态系统的复杂性，现在还很难对未来做出比较准确的预测，不过或许会有不少物种就此永远消失。自然的钟摆究竟是否需要重新校准、何时会被重新校准？一时还难以回答。

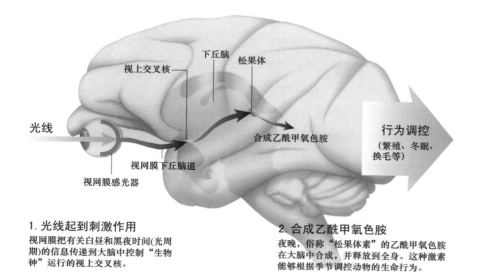

视上交叉核　下丘脑　松果体

光线

视网膜下丘脑道

视网膜感光器

合成乙酰甲氧色胺

行为调控
（繁殖、冬眠、
换毛等）

1. 光线起到刺激作用
视网膜把有关白昼和黑夜时间(光周期)的信息传递到大脑中控制"生物钟"运行的视上交叉核。

2. 合成乙酰甲氧色胺
夜晚，俗称"松果体素"的乙酰甲氧色胺在大脑中合成，并释放到全身。这种激素能够根据季节调控动物的生命行为。

↑ 动物的"生物钟"受光线调控原理

动物的行为混乱和生理失调 ⊕

　　生物对于季节紊乱，尤其是春季提前到来所做出的反应大相径庭。仔细观察动物的迁徙、冬眠、繁殖等季节性行为可以得出结论：有些生物适应了季节的变化而从中获益，另一些则相反。

　　迁徙。对于鸟类而言，迁徙首先是为了摆脱冬季食物匮乏的困境，同时也是在严冬回到食物丰富的繁殖地生育后代的生存策略。然而，春季的提前来临却给鸟类的生存重新洗了一次牌。以斑姬鹟（ficedula hypoleuca）为例，这种小鸟和其他迁徙鸟类一样并没有改变迁徙的时间，结果它们回到位于非洲南撒哈拉地区的过冬地时，春天早已来临。即使成鸟加快产卵的速度，由于毛虫都已羽化成蝶，新生的幼鸟还是没有足够的食物来成长。

↑ 季节紊乱导致斑姬鹟找不到足够的毛虫来养活自己和下一代

冬眠。美国落基山生物实验室在1975~1998年进行的研究表明，随着春季的提前，对冬眠结束时间的准确把握会对动物的存活起到举足轻重的影响。黄腹旱獭（marmota flaviventris）通常会在冬末醒来一次，在雪层中挖出一条隧道来"探测"外面的气温，然后决定何时结束冬眠。1998年，旱獭结束冬眠的时间比23年前足足提早了38天。这与同期内春季气温上升1.4℃有关。但气温的上升同时也导致了更多的降雪，结果当旱獭从冬眠中醒来时，雪层比以往更加厚实，旱獭只有冒着饿死的危险，等上更长的时间，才能在雪融之后找到青草。

↑ 旱獭从冬眠中醒来后面临着饥饿而死的危险

繁殖。大西洋鲑鱼每年1~2月要在巴斯克地区尼维尔河产卵，法国科学院的研究表明，暖冬对其生存构成了极大威胁。雌性鲑鱼产卵的水温条件一般要求不超过12℃，而尼维尔河冬季水温达到12℃的次数却越来越多。如果水温连续3年都超过这一水平，尼维尔河的鲑鱼就难逃覆灭的厄运。

↑ 大西洋鲑鱼因暖冬而难以繁殖

9 环境破坏：并非杞人忧天

9.1 令人困扰的垃圾

我们赖以生存的环境之所以被破坏，究其根本是因为人类对能源的开发和使用，甚至可以说，环境问题的核心就是能源问题。对能源进行开发和使用，往往会对环境造成相应的影响与破坏，所以大凡环境问题，归根结底都与能源有着千丝万缕的联系。

以工业化、城市化为特征的快速发展，产生了大量的生活和工业垃圾。垃圾问题已经从城市开始蔓延到农村，给人们的生活乃至生存造成了难以忽视的严重影响。

生活垃圾造成的污染主要有空气污染、水体污染和生物性污染三类。生活垃圾露天堆放会产生大量氨、硫化物等有机物质，挥发性、可溶性的有害气体导致空气污染。生活垃圾含有病原微生物，在堆放腐败过程中还会产生大量的酸性和碱性有机污染物，并会将垃圾中的重金属溶解出来，形成有机物质、重金属和病原微生物三位一体的污染源，如果不及时处理，会造成地表水和地下水的严重污染。此外，含有病原微生物的生活垃圾堆放场地，往往是蚊、蝇、蟑螂和老鼠的孳生地，极易传播疾病，威胁人类健康。

工业垃圾中含有多种有毒有害物质，其中，有机污染物有氯化烃、碳氢化合物气体等，无机污染物有汞、镉、铅、砷、锌、铬等，物理性污染物有放射性污染物等，这些污染物污染着土壤、空气与水体，并通过多种渠道危害人体健康。

当前，电子垃圾成为困扰全球环境的重大问题。电子垃圾中主要含有铅、镉、汞等对人体有毒害的成分。拿电脑来说，制造一台电脑需要700多种化学原料，其中300多种对人类有害；电脑的显示器中含有铅，对人的神经、血液系统和肾脏有害；电脑的电池、机箱和磁盘驱动器中含有铬、汞等元素，铬化物透过皮肤、经过细胞，可引发哮喘，汞对人体细胞的DNA和脑组织有破坏作用。如果将这些电子垃圾随意填埋，有害物质渗入地下会造成地下水污染；如果进行焚烧，会释放有毒气体，造成空气污染。更为严重的是，电子垃圾里蕴含的重金属元素会产生生物富集❶，然后通过食物链转移，将造成持久的污染，并且一旦形成就无法改变。

在发展中国家，建筑垃圾占城市垃圾的比重很高，如中国的建筑垃圾占到城市垃圾总量的30%~40%。到2020年，中国还将新增建筑面积约300亿米²，按每1万米²产生500~600吨垃圾推算，新增建筑垃圾将是一个惊人的数字。目前，绝大部分建筑垃圾没有经过严格处理，一般被运往郊外或乡村，露天堆放或填埋。建筑垃圾中的建筑用胶、涂料、油漆含有难以生物降解的高分子聚合物，还含有重金属元素，这些废弃物被埋在地下会造成地下水的污染，直接危害到周边居民的生活。

"垃圾是放错地方的资源"，这一说法的正确性毋庸置疑。废旧家具、报纸、杂志，以及易拉罐、塑料瓶、啤酒瓶等容易进行再生利用的垃圾，早已被拾荒者发现

---

❶ 生物富集（bio-concentration），又称生物浓缩，是生物有机体或处于同一营养级上的许多生物种群，从周围环境中蓄积某种元素或难分解化合物，使生物有机体内该物质的浓度超过环境中的浓度的现象。

回收。然而，问题并不是垃圾如何资源化，而是如何处理剩余的垃圾。

垃圾填埋仍是当今全球主要使用的方法。中国目前多采用卫生填埋法，它追求跟环境隔离——底部隔离以实现不污染地下水，上层覆盖以实现不散发臭味。但这引发了新的问题：垃圾在隔离的空间里处于

↑中国"拾荒大军"分捡垃圾

厌氧过程，隔离得越好，生物降解速度越慢，对于环境的潜在危害期也就越长，影响填埋场封场后的土地利用。卫生填埋法应用中还存在着现实悖论：填埋垃圾的污染释放也许要延续上百年，但隔离的工程材料却难以达到这一要求期限。于是在填埋环境卫生保证系统的可靠性寿命与垃圾释放污染潜力的期限之间，如何科学评估、做出选择，人们陷入两难的境地。

垃圾处理的历史 🔍

古往今来，几乎每个社会都要面对或忍受废弃物这个问题。在种类繁多的废物当中，固体废弃物可能一直都是数量最多而又最难处理的一种。在古代的特洛伊城，废弃物有时被丢弃在室内的地面上，或者倾倒在街道上。当家中的臭气变得令人忍无可忍时，人们会再弄来一些泥土盖在这些垃圾上，或者任由家中的猪、狗、鸟类以及啮齿类动物分吃垃圾中残余的有机物。据资料记载，特洛伊城的垃圾堆积达到了每百年1.5米。在某些地区，垃圾堆积更是高达平均每百年4米。

大约公元前2500年，在印度河流域的摩亨约·达罗城内，根据当时的统一规划，房屋内部开始建有垃圾斜槽和垃圾箱。大约公元前2100年，在埃及的赫拉克利奥波利斯城内，贵族区的废弃物开始得到收集，但处理的方式是将其中大部分倾倒入尼罗河。大约就在同一时期，希腊克里特岛一些房屋的浴室便已和主要污水管道连接起来了。到了公元前1500年，该岛拨出土地专门用于有机废弃物的处理。

大约自公元前1600年起，犹太人开始将废弃物掩埋在远离住宅区的地方。在推行卫生措施的过程中，宗教发挥了一定的作用——《塔木德》规定，耶路撒冷的街道必须每天冲洗，尽管耶路撒冷可以利用的水源非常有限。

　　在公元前5世纪，雅典的郊区乱七八糟地堆满了垃圾，市民的健康受到威胁，于是希腊人开始统筹设置城市垃圾场。雅典议会也开始实施一项法令，规定清洁工必须将废弃物丢弃在距城墙不少于1.6千米的地方，还颁布法令禁止人们向街道上丢弃垃圾（这是已知的第一项此类法令），雅典人甚至还设置了堆肥坑。位于西半球的古代玛雅人将有机废弃物置于垃圾堆场，并用破碎的陶器和石头来进行填充。

　　由于城市规模庞大、人口稠密，古罗马城曾面临的卫生难题是希腊及其他地方闻所未闻的。当时的罗马城污水处理比较先进，但固体废弃物的处理并不是其强项。尽管垃圾的收集与处理都按照当时的标准组织得井然有序，仍无法满足需要。全城范围的垃圾收集仅限于国家举行各种活动之时，土地的所有者负责清扫毗邻的街道，但这些规定执行得并不十分到位。12世纪末期，大量人群从农村涌向了城市，城市里开始铺设并清扫街道。例如巴黎从1184年开始铺设街道，然而直到1609年，公众才开始支付清扫街道的费用。随着大量人口迁入城市，猪、鹅、鸭及其他动物也随之进入了市区。于是在1131年，巴黎通过了一项法令，禁止猪在城市街头随意跑动，制定这项法律是因为当时年轻的腓力国王在一头无人看管的猪所引起的事故中丧生。

　　直到19世纪晚期，大型的穆斯林城市以及中国的卫生系统还是世界上最先进的。当时欧洲的卫生条件还没有那么发达，经历整个中世纪至文艺复兴时期，卫生条件才慢慢地得到了改观。随着18世纪中叶工业革命的兴起，城市的卫生状况明显恶化，成为美国著名城市规划专家刘易斯·芒福德所说的"世界上迄今为止最糟糕的城市环境。"

　　越来越多的人口移居到各个工业中心，而城市里又无力为这些人提供住房，引发了严重的拥挤过度和健康问题。1843年，在英国曼彻斯特城的一个地区，平均每212人合用一个厕所。人们发现传染疾病与肮脏的环境之间存在着某种联系，最终大规模的市政工程和公共卫生机构开始兴建，以处理最为紧迫的卫生问题。❶

---

　　❶ 参见马丁·梅洛西（Melosi，M. V.）著，郑巧珊译《废弃物》，外语教学与研究出版社，2004年。

9.2 令人生畏的地壳

如果说人类能够对地球这个巨大的岩石球体造成影响并引发地震，的确令人难以想象。地震能否归咎于人类？如何能够找到证明？数十年来的多项观测令负责监听地球脉搏的科学家们忧心忡忡。对人类行为可能影响地壳活动的担忧之所以会产生，是因为不管从时间上看还是从空间上看，譬如深井钻探、水库蓄水等，与地震确实存在着某种巧合。如果只是观察到一次这样的地震事件，我们当然会心存疑问，但如果一系列的地震都在一个特定的时间与地点发生，就不能不让我们接受这一事实了。

为了验证人类活动对地质构造产生影响，就必须确切地了解某个地区历史上的地震活动情况。法国对过去500年中有震感的地震都做了很好的记载，自20世纪80年代以来，在法国波城地区测得的包括一些4级以上的地震，都是由于对天然气田进行大规模开采造成的。记载显示，在1969年首次开采天然气的10年之后，地震开始在这个地区出现，从此便不断发生。美国东北部原本是一片地震不活跃的地区，自20世纪80年代以来却发生了一系列地震。对此，研究得出的共识是，其中的三分之一都是由深层矿藏的开采、面积巨大的露天采石场以及深入地下的液压井直接造成的。

如果一个地区本身不是地震多发区，就更容易发现该地区的地震与油田开采或水库蓄水之间的联系，在探测地下核实验造成的地震时也是这样。比如2006年10月朝鲜进行的核实验便引发了一场4.2级的地震。和地震活动频繁的地带相反，"平静的"大陆地区发生地震受到人类活动影响更大，因为这些地区的地震通常都是在地壳浅层发生，处于人类活动的干扰范围之内，所以其平衡更容易受到人类活动的破坏。已有上百年历史的"莫尔·库仑"的岩石力学理论能够描绘断层（地壳中天然存在的断裂带）如何随着所受应力的变化，接近或远离断裂的发生。断层上岩石质量造成的垂直力，地质构造板块运动造成的挤压或扩张的水平力，这是两类互相对立的应力。岩石在这两类应力的作用下发生伸缩变形，直到这些应力超过断层的承受能力，便发生断裂，并释放出它储存的能量——这就是地震。

人类通过修建大型水库，积蓄起质量惊人的水，或者开采出地下几百万吨的矿物或碳氢化合物，无外乎两种方式，要么是给地壳压上千钧重担，要么是减轻了它原本承受的重量。这样一来，就改变了断层在自然状态下本来早已适应的应力，再加上地质构造力（板块的运动使地质结构产生变化的力）的作用，就为断层的断裂提供了便利条件。

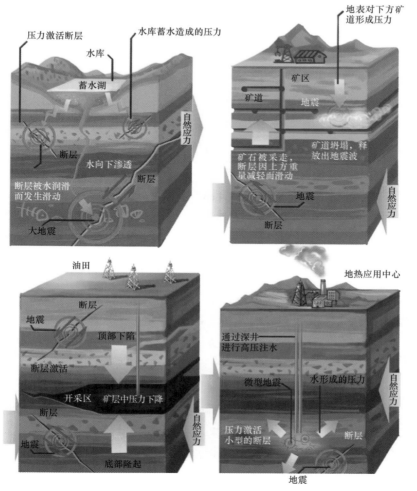

↑人类活动诱发地震的机理

第三篇　困局丛生：我们面临的挑战

　　换句话说，地震首先是一种自然现象，人类的责任在于起到了诱发作用，激发断层断裂，就像压垮骆驼的最后一根稻草一样，不需要人类对自然体系进行强力干扰就可能加速地震的发生。在断裂带附近修建建筑设施，地震就很可能被激活。

　　如果人类能够唤醒沉睡的断层，那就意味着人类同样也有能力与这个星球自身的力量抗衡，这并不是痴人说梦。认识到人类活动具有诱发地震的能力，就再也不能把地震完全看作是一种人类完全无法避免的天灾，而推卸掉我们自己的责任。现在有待深入研究的是，人类在多大程度上提前了断层的断裂。如果说，在断层本来就以较高速度接近断裂的那些地区，比如地质板块的边缘（如环太平洋火山带或喜马拉雅山脉），人类的干扰只是把地震的发生提前了几年，那么在断层运动极其缓慢的地区，比如地质板块的中心地带（如南非、澳大利亚或北欧等等），人类干扰则可能将地震的发生提前上千年甚至上万年！在这种情况下基本可以断定，如果没有人类的介入，这些地震根本不会发生。

面对如此令人困扰的情形，有人提出了这种一个问题：既然知道人类活动能够诱发地震，那么我们能否预知地震发生的日期？不幸的是，答案是否定的。不管是自然的地震还是人类诱发的地震，都不可能被预测。这是因为一个简单的理由：无法通过观测获知地壳中应力的作用情况。

人类的生存和发展对能源等各类资源的需求与日俱增，因此建造的水库越来越宏伟、钻井的能力越来越强大，人类活动对自然的影响越来越主动。尽管不能断言人类在断层地带进行活动就一定会导致地震，也不可能完全停止相关的活动，但是完全有必要警醒地意识到地壳的脆弱状态，主动限制和减少在地质断裂区域的活动。

中国汶川特大地震

山河移位、大地颤栗、生离死别、满目疮痍……数万人遇难或失踪、近40万人受伤、500万栋房屋被毁。2008年5月12日袭击中国四川省的汶川大地震是近几十年来最具毁灭性的地震之一。这场地震造成的损失与2004年12月的印度洋海啸和2005年8月"卡特里娜"飓风相当，并列为历史上最恐怖的自然灾害。在灾难发生后不到一年的时间内，有人认为汶川大地震可能是人类活动具有潜在破坏力的一个象征。于2004年12月开始蓄水的紫坪铺水库，大坝高156米，蓄水量达10亿米^3。紫坪铺水库距离造成这场8级地震的断层带只有500米，离震中只有数千米。紫坪铺水库的地理位置恰好是印度板块朝欧亚板块下冲地带，也是青藏高原与四川盆地相接的地带。

也有很多人认为汶川大地震只不过是地质板块构造运动的必然结果。由于无法重复验证，这场纷争将不会最终定论。虽然发生地震的概率很低，但是，人类活动诱发地震是普遍接受的事实。因此，为了避免重大灾难发生，对于钻探、采矿或蓄水等重大工程建设，有必要进行重新审视和科学评估。

接踵而来的自然灾害究竟是偶然，还是地质对人类活动的回应，人们应该静下心来仔细思考。

↑地震中遭受严重破坏的北川县城（范晓，摄）

↑紫坪铺大坝

9.3　令人忧心的河流

水是生命之源，河流是文明之母。水是生物体组成的基础物质，是新陈代谢的主要介质，在工农业生产上有着极其巨大的需求，又是极其重要的环境要素，可以调节气候、推动地貌形成。水资源主宰着人类经济社会发展和文明进步，是无可替代的一种资源。

然而，可供利用的水资源，尤其是淡水资源，并不如平常所说的那样"取之不尽，用之不竭"。地球表面海洋面积为3.61亿千米^2，陆地面积为1.49亿千米^2，全球约有四分之三的面积覆盖着水，因而有"水的行星"之称。地球水的总储量共约13.86亿千米^3，乍一看比较巨大，仔细分解，其中不能直接为人类生活和生产所利用的海洋水为13.38亿千米³，占到了96.5%；陆地水为0.48亿千米³，仅占3.5%。而在陆地水中，淡水仅为0.35亿千米³，只占全球总水储量的2.5%。再进一步细分，淡水中的68.7%都分布在南北两极的冰川中及陆地高山上的永久冰川与积雪中，分布在陆地的河、湖、水库、土壤及地下含水层中可供人类生存和开发利用的仅占31.3%，只是全球总水储量的0.78%，可谓十分稀缺。

河流是淡水的主要载体，孕育了生命与文明。古埃及文明、古两河文明、古印度文明和古中华文明无不发源于大河两岸的冲积平原，无数河流被当地的人们尊为"母亲河"。广阔的冲积平原和源源不断的河流淡水资源形成了大规模的人类社会生存和发展的条件，人类活动与河流有着千丝万缕的联系，河流对人类的生存与发展影响巨大。我们如果遵循客观规律，改造、开发和利用河流，则将造福现在与后世，反之则必将受到自然的严厉惩罚。

长期以来，各国采取各种措施改造和开发河流，利用流域土地，并利用河水发展灌溉、航运、发电、饮用等，解决生存和发展面临的能源资源问题，从而改变了河流的本来面貌，其自然功能受到的干扰和破坏越来越大：围垦河流两岸的洪泛土地，从而割断了河流与两岸陆地的联系，并侵占洪水的蓄洪空间；引水到河道以外，从而减少了河流的径流；筑坝或拦截河水，从而阻拦或改变了河水的流路；建造调节径流的水库，从而改变河流的水文律情；利用河流排泄废水、废渣，从而污染了河流与地下水的水质；滥砍滥牧导致森林和草地急剧减少，从而加重了水土流失；排放温室气体导致气候变暖，从而对流域生态系统、河川径流和江河洪水造成了不利影响。

英国科学发展网2005年称，建坝活动影响了世界半数主要河流的流动性。河流是一个巨大的系统，具有较强的抵御干扰能力，但如果人类对其的改造和干扰超过它的自我调节和自我修复能力，其自然功能也将不可逆转地逐渐退化并加速枯竭，造成水资源的衰减。

在世界各地，河流枯竭导致的土地干裂、农作物枯萎、人畜断水、火灾频发等现象几乎已经随处可见。未枯竭的大河也有逾半数受到污染，只有亚马孙河与刚果河可被归入健康河流之列。与此同时，全球工农业生产的发展和人口的膨胀，使得耗水量急剧增加，严重加剧了水资源的紧张——20世纪人类用水增加了整整5倍。河流状况恶化与人类需求增长相叠加所导致的水资源严重缺乏，导致世界上60%的地区供水不足，12亿人用水短缺，每年有300万~400万人死于和水有关的疾病，很多国家面临水荒。预计到2025年，水资源危机将蔓延到48个国家，35亿人将为水所困。

在一些国家和地区间，甚至产生和爆发了因水而引发的矛盾与战争，比如中东的水源争端，北非的尼罗河纠纷，印度、孟加拉国和巴基斯坦三国之间因恒河与印度河的争执等。有人预测，水资源之争将成为21世纪人类大规模战争的主要导火索之一。河流枯竭加速上演、水源质量严重下降、生态系统迅速恶化、淡水资源日渐匮乏的趋势，已经对全人类的生存与发展形成了严重的威胁和挑战。❶

即将枯竭的七大河流❷

在气候变暖和环境污染成为严重问题的同时，蓄水、过度使用等也成为威胁河流生态环境的最普遍因素。2012年美国《国家地理》杂志列举了世界上由于过度使用而即将枯竭的七大河流，包括科罗拉多河、墨累河、印度河、提斯塔河、里奥格兰德河、锡尔河、阿姆河等。这些河流水量的减少使河流中的大量淡水生物灭绝，水资源严重短缺，人类面临严重的淡水供应危机。

科罗拉多河。科罗拉多河是一条位于美国西南部、墨西哥西北部的河流，它为3000万人提供用水，沿其1450英里（2334千米）范围内有许多水坝。由于农业、工业和河岸城市大量用水，科罗拉多河很少到达其三角洲和加利福尼亚湾，现在该河流只有其流量的约十分之一流向墨西哥。

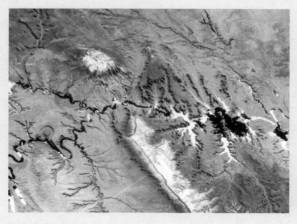

↑科罗拉多河

---

❶ 参见刘建平著《通向更高的文明》，人民出版社，2008年。
❷ 参见雅虎自然频道《全球因过度使用而即将枯竭的七大河流》，2012年1月15日。

墨累河。墨累河是澳大利亚最长和最重要的河流，从澳大利亚阿尔卑斯山绵延1476英里（约合2375千米），横跨内陆平原，汇入阿德莱德市附近的印度洋。由于墨累河的灌溉，其流域成为澳大利亚最多产的农业区，被广泛认为是该国的"饭碗"。这条河也是阿德莱德和许多

↑墨累河

小城镇居民饮用水的主要水源。该河流的退缩导致河水盐度上升，威胁了沿岸的农业生产。21世纪初，由于淤泥导致墨累河河口封闭、河流中断及改道，导致水流量大量减少，只有不断疏通才能保持最后的通道开放，保证流入库荣国家公园附近的大海和泻湖。墨累河还面临着其他严重的环境威胁，包括径流受污染等。类似的枯竭问题还影响到达令河，达令河流入墨累河，称为内陆地区的主要航道，但受几年的挖掘和干旱影响，它已几乎断流。

印度河。印度河发源于印度，是巴基斯坦淡水的主要来源。印度河水被抽取用于家庭和工业生产，更用来支持这个干旱国家约90%的农业。目前，印度河这条世界上最大的河流之一，由于过度使用已不再流向卡拉奇港外的海洋，正在走向枯竭。印度河的

↑印度河

供水中断使卡拉奇市遭受到水荒困扰，许多人指责上游居民用水太多。预计未来10年内，巴基斯坦人口将由现在的1.7亿增长到超过2.2亿，而随着全球变暖进一步加剧，印度河将进一步缩减，该国未来的水资源形势十分严峻。

提斯塔河。提斯塔河长196英里（315千米），它起源于喜马拉雅山的冰雪融水，然后通过温带和热带河谷，流经锡金、印度，最后流入孟加拉国布拉马普特拉河。提斯塔河通常被称为锡金的生命线，但近年来它由于被用于灌溉和其他用途，已在很大程度上干涸，渔民不能

↑提斯塔河

沿河岸谋生，数以千计的农民失去了供水来源。即便如此，印度仍计划沿提斯塔河新建一系列水坝用于发电，而沉积物的重量可能会在地震活跃区引发地震。有人说："合理分配提斯塔河水是改善该地区生态状况的唯一途径，但它需要孟加拉国和印度政府之间协商解决。"

里奥格兰德河。里奥格兰德河是北美最大的河流之一，长1885英里（约合3034千米），从美国科罗拉多州西南部流入墨西哥湾，流经得克萨斯州和墨西哥边境的大部分地区。由于边境两侧的大量使用，里奥格兰德河即将枯竭，现在只有不到五分之一的水量能流到墨西哥湾。在21世纪初的几年中，该河流未能完全到达海岸，在美国和墨西哥之间出现一个肮脏的沙滩和一个橙色的尼龙围栏。藻类植物染绿了里奥格兰德河和卡洛斯·阿罗约河的汇合处。到达马塔莫罗斯时，河流的水位非常低，往往低于墨西哥城的进水管。德克萨斯州的农民称，他们每年因缺乏灌溉用水损失4亿美元。该地区的

↑里奥格兰德河

湿地曾经是候鸟的一个重要中途站，但现在已没有原来的美好风光。长达数十年的干旱，使得所有这些问题变得更加严重。

锡尔河。锡尔河起源于吉尔吉斯斯坦和乌兹别克斯坦的天山山脉，长1374英里（约合2211千米），流向咸海。在18世纪，锡尔河上开始兴建运输系统，并在20世纪被苏联工程师大大扩展，主要用于种植棉花。实际上，整个河流被分流，只有涓涓细流流向内陆海。在过去几年中，世界银行资助修建了一个水坝，用以改善锡尔河的水质，以及增加流向咸海北部的水流量。

↑锡尔河（来源：NASA）

阿姆河。许多人可能都听说过咸海的悲惨故事。咸海曾经是世界上第四大湖泊，表面积为26000英里²（约合67340千米²），周围城镇繁荣兴旺，并支撑着一个利润丰厚的麝鼠皮行业和欣欣向荣的渔业，提供了4万个就业机会，为苏联贡献了六分之一的捕鱼量。咸海原本来源于中亚的两大河流：南部的阿姆河和北部的锡尔河。前者是该地区最长的河流，蜿

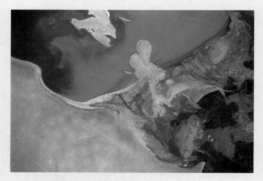

↑阿姆河（来源：NASA）

蜒通过1500英里（约合2414千米）的草原。但在20世纪60年代，苏联决定开发草原并建立了一个巨大的灌溉网络，包括20000英里（约合32186千米）长的运河、45个水坝和80多个水库，用于灌溉哈萨克斯坦和乌兹别克斯坦广阔的棉花和小麦地。几十年后，阿姆河流量骤减，只剩下大约70英里（约合113千米）的流域。

缺少了水的主要来源，咸海也迅速萎缩。在短短几十年间，咸海缩小成少数几个小湖泊，是原来总体积的十分之一，并且由于蒸发导致海水盐度更高，数以百万计的鱼死亡，周围区域出现沙尘暴。

10 资源紧张：还可以撑多久？

10.1 急速耗尽的石油资源

一个多世纪以来，石油对世界各国的经济至关重要，被誉为"现代经济的命脉"。它是全球运输网的核心能源，驱动亿万的汽车、卡车、船舶、油轮、飞机和火车上天下地入海，支撑着人类社会的交通运行。然而在最近十年里，石油产量已经日渐落后于经济增长的需求，导致石油价格猛涨。出于诸多原因，石油再也不可能像从前那般既充足又廉价。

20世纪50年代，一位名叫金·哈伯特❶的地质学家首次提出了"石油顶峰"这一概念：某油田的石油开采量超过储量的一半时，石油产量即达到顶峰，虽然这时仍能开采出石油，但石油年产量会呈现平稳、持久的衰退。按照目前的消耗速度，全世界现有石油资源仅能满足今后大约40~60年的需求，然而石油消耗量却仍在以平均每年2%的速度递增，以此计算，现有石油资源在差不多25年之后就会枯竭。而这一危险局面出现的标志就是全世界石油生产达到峰值。全球石油顶峰可以定义为石油产量达到最高水平的某一时刻，随后产量要么在一定时间内维持在一个固定水平，要么开始下降。无论如何，只要需求增长，其结果便是石油短缺、油价持续上涨。

持反对观点的人通常会辩解：技术会拯救我们，从现有油田中更轻松地获取石油，并且找到足够多的新油田。但现实是：美国作为世界上技术最先进的国家，自从20世纪70年代以来石油产量便一直在下降，若是技术真能解决石油短缺的问题，现在应该早就已经解决了。也许有人会认为，未能提高产量是因为对石油钻井的限制。诚然，对目前禁止开采的一些地区进行开发的确可以提高石油产量，但是过程将十分缓慢，并且最后能为全世界新增的石油产量相对较少。比如开发北极圈国家的野生动物保护区需要5~10年，而其石油产量可能不过每天100万桶，即便世界经济相当缓慢地增长，其产量也顶多只能满足小部分的新增需求，甚至抵不上世界石油在这5~10年间的减产量。此外，这片近海域已成为国际政治焦点，这意味着开发工作需要更长的时间、更高的成本和面临更多的不确定因素，最终的结果如何还不得而知。令人担忧的是，无论怎样定义，当今的世界正快速地达到甚至是已经达到石油顶峰，更糟的是，一系列其他因素会导致石

083

第二篇 困局丛生：我们面临的挑战

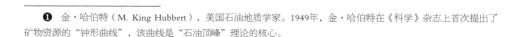

❶ 金·哈伯特（M. King Hubbert），美国石油地质学家。1949年，金·哈伯特在《科学》杂志上首次提出了矿物资源的"钟形曲线"，该曲线是"石油顶峰"理论的核心。

油减产甚至完全停产。仅仅在过去的100年里，我们就消耗了祖先们刚开始直立行走时地壳里就蕴藏着的约22000亿桶石油。我们最先追求的总是那些易于开采、提炼的轻质低硫原油，然而大多数优质油品已开发殆尽，今后的油品质量只能趋于下滑。不管是否情愿，我们也只能越加依赖于提炼成本昂贵的重质高硫原油，耗费更多资金和资源来提取非常规原料如沥青砂等。地球已被发掘得如此彻底，以至于陆地上已鲜有可开采之地。

现在，勘探的触角已经伸展到了深海，开发成本已显著提高，比如墨西哥湾深海的新油田"杰克2号"位于海平面以下2千米处，油井钻探到海床以下6千米，而要触及油层更是需要安装8千米长的管道，费用十分高昂。巴西近海岸的卡里奥卡油田也位于海平面以下2千米，海床以下6.7千米处，建造油井工程挑战巨大，提炼成本很可能会高到令人望而却步。然而，这两个油田的全部石油储量也仅仅只能满足全世界一年半的石油消耗量而已。

目前，关于全世界何时达到石油顶峰，众说纷纭，莫衷一是。有人认为，随着新油田的发现和技术的进步，这一时间最少会被拖延到2040年，而较悲观的人认为石油顶峰早已经悄然来到。国际能源署和美国能源部认为，未来40年世界石油需求将由产量最高的中东地区来满足，尤其是沙特阿拉伯。然而，如果沙特阿拉伯有闲置生产能力，为何不增加石油产量？其产量在2004年末石油交易价每桶60美元时接近每

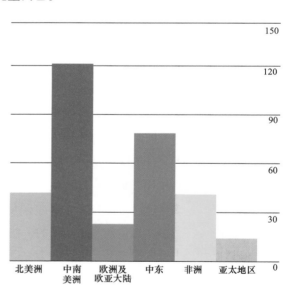

↑ 2011年全球分区域石油储产比❶

天980万桶，然而却在之后油价几乎翻了一番时降低了近60万桶。倘若产量下降是故意为之，必定会引起包括美国和中国在内的石油进口国不满，事实表明它的产量确已饱和。

---

❶ 储量/产量（储产比）比率：用任何一年年底所剩余的储量除以该年度的产量，所得出的计算结果即表明如果产量继续保持在该年度的水平，这些剩余储量的可供开采的年限。图表参见《BP世界能源统计2012》。

截至2011年底，世界石油探明储量约为1.6526万亿桶，仅能满足54.2年的全球生产需求。如果不尽快采取行动，将上演更加严重的后果——绝对石油顶峰，到那时，继续钻井开采石油就毫无意义了，因为为此所消耗的将比费尽周折所获得的还要多，也就是说开采一桶石油将不得不使用超过一桶石油的能耗量来抽取、提炼再运送到加油站。这时石油虽然还存在，但是已经没有任何开采意义。倘若不抓紧发展可替代能源，绝对石油顶峰指日可待。绝对石油顶峰不会在一夜之间到来，但全人类如果不马上采取行动，我们的经济甚至文明，可能都将会戛然而止。

北极——最后的石油宝库

在北极的北冰洋沿岸只有俄罗斯、美国、加拿大、丹麦和挪威五国，然而高居不下的石油价格、持续增长的石油需求、世界石油顶峰的逼近，使得全世界所有的目光都汇聚到了这片广袤的白色海域，期待着它成为应对世界石油危机的最后宝藏。根据各方提出的评估数据，按目前全球每天消耗8600万桶石油来计算，北极的潜在石油储量将能够供给全球4个月~3年，由于其储量的模糊使得落差如此巨大。

在全球能源紧缺的形势下，北极地区是各国激烈争夺的目标，其矿产资源凸显出重大战略价值，蕴藏在冰层之下的石油资源更被视为地球上最后的"美餐"。各国在未来几年尚无能力发掘足够的可替代能源，于是北极地区在眼下便被寄予厚望，该地区极其恶劣的自然条件也没能阻止各石油公司的纷至沓来。

然而，北极的极端自然条件使开发工作困难重重。在已被认定可能存在石油和天然气的区域中的20%，都终年被冰层覆盖，开采任务异常艰巨。在千里冰封的表面之下，是深不可测的北冰洋，其中冰雪已经消融、全年可以通航的区域仅占20%，其余区域一年中只有部分时间可以通航。令人鼓舞的是，得益于全球变暖现象，夏季大浮冰的消融速度自1979年以来已加速为10万千米^2/10年，由于北极冰层加速融化，昔日冰封而神秘的东北航道（俄罗斯沿岸）和西北航道（加拿大沿岸）也实现了12万年来的首次解冻通航。

极其严寒的气候也是北极地区能源勘探的巨大阻力，其造成的最大难

第二篇　困局丛生：我们面临的挑战

题是如何将液态石油提取到地表并防止其凝固，为此必须使钻井平台、油船和储存场等设备都具有很好的隔温性能。此外，必须使用许多地面设备来包装并运输这些被提取出来的碳氢化合物能源，可是目前在北冰洋沿岸几乎没有任何配套设施：既没有能够加油的港口设备，也没有应急救援中心……

预计勘探开采北极能源的成本极其高昂，修筑1千米的输送管道和修筑1千米的高速公路一样昂贵；建造一个海上钻井平台的花费则远远超过建造戴高乐机场的费用；用于建立并发展一个近海油田的支出高达150亿美元，几乎相当于开凿英吉利海峡的全部费用。然而按照国际能源署的评估，这里每桶石油成本为60美元，而卖出价为100美元，那么北极的勘探开发仍将赢利，当然这一切必须建立在开采技术取得进步的前提下。

北极地区迄今已开始投产的近海天然气开发项目仅有一个：位于巴伦支海的挪威斯诺赫维特气田。该项目的实施方挪威国家石油公司，于2007年秋天成为首家供应北极圈内海上油田的液化天然气的企业。根据现今的开发速度，未来几年内北极地区的宝藏仍将深埋海底。❶

10.2 难孚众望的煤炭资源

近30年来，世界煤炭消耗量每年大约增长3%，与能源总体消耗的增幅相一致，而在相对较低的增长幅度背后，是从20亿吨上升到了50亿吨的绝对增长数量。据测算，主要作为火力发电燃料的煤炭，凭借一己之力就可满足全球四分之一的一次能源需求（石油可满足三分之一）和五分之二的电力需求。

在各种一次能源资源当中，煤炭能源工业的发展速度最为迅猛。有"世界工厂"之称的中国，其国民生产和生活几乎完全依赖于煤炭资源，全国70%的电力依靠煤炭供应。由于经常发生严重的大面积断电，印度正不断加快火力发电站的兴建速度，其发展同样惊人，并推出建造世界最大规模燃煤电站的庞大计划。一座功率高达1.2万兆瓦、耗资约达85亿美元的庞然大物将在印度东部地区建成！紧随其后的美国超过半数的电力来自燃煤发电，共有10多万煤矿工人在2000座煤矿工作，年开采量近10亿吨。此外，日本和澳大利亚也是煤炭消费大户。

欧洲同样也不甘落后：德国是全世界第十大煤炭消费国，白俄罗斯和波兰分

---

❶ 改编自张艳编译《北极，最后的石油宝库》，原载《新发现》2009年第1期。

别位列第六和第七。近十年来，一股大规模回归燃煤发电的风潮正在欧洲兴起，这首先是因为石油和天然气价格大幅攀升，其次是受到欧洲在第二次世界大战后不久建造的、总功率达20万兆瓦的火力发电站将在2020年之前翻新重建的刺激。到目前为止，这些火力发电站大多以天然气为燃料，但是电力生产商希望增加煤炭的比重，以使"燃料结构"更趋均衡。

按照目前的消耗速度，全球现有煤炭储量能满足150~170年的消耗需求，再加上未探明的矿脉和现在看来缺少开采价值的煤矿，煤炭资源甚至可以维持200年，足以大大缓解能源危机。不仅如此，煤炭在各主要能源消费地区的储量大致相同，在地缘政治方面给予了安全上的保证：美洲大陆、欧亚大陆和亚太地区各约占三成，只有中东地区煤炭资源分布较少。更为巧合的是，世界经济霸主美国坐拥全球煤炭储量的四分之一，而两大新兴经济体——中国和印度同样也拥有十分丰富的煤炭资源。

然而，任何事物都有正反两方面：煤炭燃烧所释放出的二氧化碳要比石油多35%，比天然气多72%，而且由于燃烧率不高，煤炭液化衍生物同样具有极高的二氧化碳排放量。人们呼吁到2050年将全世界的二氧化碳排放量减少到目前的四分之一，以避免气候灾难的发生，然而根据国际能源署的基准情景❶模式，届时二氧化碳排放量将增加60%，新增排放量约有一半是由煤炭造成的！由此可见煤炭并非解决能源问题的理想办法，反而会给人类带来一场真正的噩梦。

除非能够利用科学技术，让这只能源的"丑小鸭"摇身变成美丽的"白天鹅"，即使不能冰清玉洁，至少也要尽可能白净。目前的难题并不在于如何消除二氧化碳，这一点在技术上已经可以实现，而是如何将成本降低到可以接受的程度，并将二氧化碳长期妥善封存。国际能源署认为，二氧化碳捕集的合理成本在每吨15~30美元之间，另外还要加上运输（平均8美元/吨）和封存（1~8美元/吨）的费用，最终可不是个小数目。

然而，即便能找到技术上、经济上都可行的解决办法，气候灾难也未必就一定可以避免。洁净燃煤电站和二氧化碳封存措施最理想也要到2020~2025年才能投入使用，而在之前近十几年时间里需要对现阶段实验成果进行消化吸收，因此燃煤电站仍将继续排放二氧化碳。

第二篇 困局丛生：我们面临的挑战

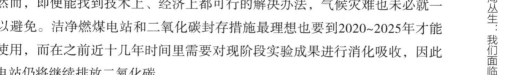

❶ 国际能源署在2006年按照当前趋势发展对未来能源形势进行了基准情景设计。基准情景并非一种预测，而是在到2030年之前未采取任何主动措施的前提下，对未来能源形势走向的研究。

石油的孪生兄弟——煤炭　🔍⊕

　　煤炭无疑是一种极其缺乏魅力的日用品。它脏、过时、老土，黑不溜秋而且廉价，尤其是与石油相比，更加相形见绌。石油是煤炭的近亲，但比煤炭耀眼、老练得多，它为冒险家、喷气式飞机旅行家以及国际阴谋家们构筑了奇妙的梦想，搭建了绮丽的舞台。从洛克菲勒家族到中东首长们，石油造就了一批极其富有、令人又爱又憎的世家名流。"开采石油"已经成为一夜暴富的代名词——财富往往不是来自艰苦的工作，而是缘于令人难以置信的好运气。

　　煤炭让我们联想起的不是富裕，而是贫穷。它让我们眼前不由自主地浮现起这样一幅惨淡的图景：浑身裹着煤灰的采煤工人在矿井里拖着沉重的脚步，从苛刻的公司领来微薄的薪水，养活着穷困无望的一家老小。在煤炭实实在在地成为我们日常生活的一部分后的很长一段时间里，它仍然被认为是不值一提的。石油被视为幸运与富有的象征，而煤炭却被看作令人扫兴的东西。事实上，不起眼的煤炭应该像化石一样，受到人们的尊重——煤炭也确实是一种化石。早在哺乳动物出现、恐龙进化、大陆漂移碰撞并形成现在的样子之前，煤炭就已经存在了。那时，遍地都是沼泽森林，生长着怪异的树木和庞大的蕨类——这种蕨类被一位19世纪的作家称为"植物界的怪物"——而煤炭就是那森林中的一分子。

　　当第一批植物离开海洋、进军陆地的时候，大部分煤床就形成了。它为动物铺就了从海洋到陆地的进化道路，并庇护它们完成这一重要进化——那些曾经统治地球的生物如今都已经灭绝了，煤炭就是它们高度浓缩的遗迹。我们能过上舒适的生活，应归功于生态环境逐步向有利于人的方向演变，而那些生物都扮演了重要的角色。如果煤炭不是这么的丰富，那么不难想象它温情脉脉地出现在博物馆里，与那些往往比它"年轻"得多的恐龙骨一同闪亮展出的情景，而不是像现在这样成为重要却相对廉价的工业燃料。

　　如果再回顾近两个世纪的过往，煤炭带领人类穿越了数百年的工业童年时代，夯实了当代文明的基石，最终赐予了我们力量去建设一个或许不再需要煤炭的世界——虽然它具有许多缺陷，但却居功至伟，值得人类文明的博物馆细心珍藏。❶

---

❶　参见芭芭拉·弗里兹著、时娜译《废弃物》，中信出版社，2005年。

10.3　困难重重的可再生能源

　　基于可再生能源的开发利用技术最近几年的发展不可谓不快。全球气候变暖，环境破坏加剧，石油资源枯竭，煤炭储量有限……面对这些令人愁眉不展的"家境"，我们只能把可再生能源视作重振人类大家庭的救命稻草，它既不会释放出二氧化碳，也不会无法挽回地枯竭。但事实上，可再生能源并没有看上去那么"绿"，而且利用效率还太低，根本无法满足未来世界的庞大能源需求，它们的前景是否光明，还得看能不能改造基因，弥补先天缺陷。

　　近25年来，可再生能源的两大旗帜——风能和太阳能的利用增幅分别达到41%和28%，无比光明的未来仿佛触手可及。按照这一发展趋势，应该可以放心地把赌注押在"可再生能源"上，相信它能够满足未来绝大部分的能源需求，而它无比巨大的"储量"又进一步加强了这一信心。太阳向地球表面源源不断地输送而来的能源，除了提供太阳能以外，还可以转化为取之不尽、用之不竭的风力、洋流、河流、植物物质等。有观点认为：只要采取节能措施，并对可再生能源行业提供经济支持，就能够消除碳氢燃料枯竭和全球气候变暖所造成的威胁。

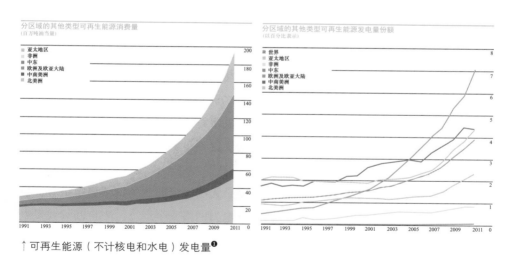

↑可再生能源（不计核电和水电）发电量❶

　　可惜情况并非如此乐观。可再生能源尽管有着值得称道的丰富储量，但也存在不可忽视的缺陷：它们并非百分之百的"绿色能源"，存在能源密度实在太低的先天缺陷，同核能、碳氢燃料相比，相同单位面积的可再生能源只能提供微不足道的能量。如果占地10公顷的核电站可生产150万千瓦的能量，那么能够生产

第二篇　困局丛生：我们面临的挑战

❶ 参见《BP世界能源统计2012》。

同等能量的风力发电设施则需要占地整整18700公顷!

尽管从全世界范围来看,可再生能源的潜力无比惊人,但在局部范围内其所能获得的能源量相对较低,而且需要借助太阳能电池板、风力发电机和大坝等比较昂贵的能源采集设备以间接的方式获得。然而早已人满为患的地球只能提供有限的空间用于生产价值千金的电力,可再生能源的发展必然会与生态系统、可耕土地和人类居住空间发生激烈冲突。生态系统(如森林)的弥足珍贵早已成为共识,可耕土地对人类生存不可或缺,而人类生活空间的减少也将给可再生能源的发展带来越来越大的压力。

国际能源署预计,由于全球,特别是发展中国家居民生活水平改善的需要,能源需求仍将以每年1.8%的速度增长。这也就意味着到2030年前后,全世界能源生产总量要从当前的114亿吨石油当量提高到177亿吨石油当量,这要求未来能源目标要在一代人的时间内将能源生产总量提高60%,同时将二氧化碳排放量减少15%。从理论上说,可再生能源应该能够完成这一任务,从现在起每年都有相当于5亿吨石油当量的能源生产设施建成投产,只要其中约75%(每年大约4亿吨石油当量)能够使用可再生能源,就足以保证控制气候变暖的需要。但是从实际情况来看,这一目标面临巨大的挑战。

风力发电和太阳能发电目前已经取得迅速发展,但是在可再生能源发电中,水电供给占据了绝大部分份额,达世界电力生产的16%,生物质发电占据了1%,地热发电、太阳能发电和风力发电总量仅为0.7%,起点实在太低,而且按照行业规律,迅速增长达到一定程度后必定会开始放缓。风力发电已经在大规模能源供应方面远远落后,而太阳能电池板原料硅的供应不足更会使发电成本发生危险性的增长。

风力发电和太阳能发电面临的更大问题是无法保证能源的持续稳定供应,也还无法解决大规模电力储存的难题。为保证电力网络安全运行,来自断续式发电方式的能源只能占全部功率的三分之一左右,而风力发电机或太阳能发电机平均每年只能提供其安装功率的五分之一,风力发电网络每年所能提供的电力(千瓦时)仅仅能达到百分之十几的水平。

太阳能发电面临同样的困难,需要克服融入电力网络的巨大障碍,而且其成本是风力发电的5~10倍。虽然生产商保证太阳能电力价格将会大幅度降低,但难以短期内实现。并且,太阳能发电技术虽然在非网络化方面的应用大有前途,可以用于小功率电器的电力供应,更可以让生活在热带地区的16亿人口走出无电可用的困境,但是在几乎家家都通电的发达国家,太阳能发电可谓英雄无用武之地，而这些国家恰恰又是二氧化碳的主要排放者……由此可见，太阳能发电的未来同样难以定论。

也许这些会让人们感到深深的失落，可再生能源除了受到自身天然缺陷的限制之外，起步太晚，起点也太低，要想让其胜任到2030年达到能源供给总量的三分之一并解决气候变暖问题这样艰巨的任务，还需要付出更大的努力。

"风"性难驯

2012年9月18日，《中国风电发展报告2012》指出，2011年，中国风电出现了进一步向用户侧新市场挺进的良好趋势，同时，饱受并网和弃风问题困扰。2012年，中国风电发展的主题将是如何实现在新、老市场两线都蓬勃发展的新局面。

2011年，中国风电并网问题得到一定程度缓解，风电行业整体展现出蓬勃发展的态势，然而在现今情况下，限电弃风问题十分严重，风电的发展仍然表现为"风性难驯"。

到2011年底，中国累计风电装机容量为62360兆瓦，并网容量47840兆瓦，并网率为76.7%，与2010年的69.9%相比稍有提升。2011年弃风超过100亿千瓦时，弃风比例超过12%，相当于330万吨标准煤的损失，或向大气排放1000万吨二氧化碳，导致风机利用小时数明显减少。2011年，中国的风机并网量大增，中国并网机组平均利用小时数为1903小时，比2010年减少了144小时。

在"风性难驯"的现状下，风电发展仍然具有非常远大的前景。报告预计到2020年，中国风电累计装机容量将在200~300吉瓦之间；到2030年，累计装机容量可能超过400吉瓦。届时，风电将占全国发电量的8.4%左右，在电源结构中约占15%。报告建议，中国应进一步明确地方政府发展可再生能源的责任和义务，坚持集中式开发和分布式开发并重的发展思路，建立对电网企业利益诉求的响应机制、加强电网建设和调度，同时，实施新能源配额制。❶

第三篇　困局丛生：我们面临的挑战

---

❶ 参见李俊峰等编著《中国风电发展报告2012》，中国环境科学出版社，2012年。

11 能源纷争：未来战争的导火索

11.1 全球的能源问题

自从第一次工业革命以来，人类对自然资源大规模、高强度的开发利用，带来了前所未有的经济繁荣，创造了灿烂辉煌的工业文明。然而，随着全球能源供需矛盾的日益激化，席卷全球的能源危机引发了一系列相关的矛盾：人口增加与资源供需的矛盾日益尖锐；不合理的资源开发利用导致了日益严重的生态环境恶化；能源的争夺引起了连绵不断的战争……如果说在20世纪初能源所引起的还只是一些局部问题，比如一些工业城市整日处在烟雾的笼罩之中，英国首都伦敦成为世界著名的雾都等，那么现在能源危机已经波及到地球的每一个角落和每个民族，影响到人类的当今与未来。

自第二次世界大战以来，人类对自然资源的消耗成倍增长。1901~1997年的97年间，世界采出的矿物原料价格增长了近10倍，其中后20年为前60年的1.6倍。1950年各国人均国民生产总值与人均能源消耗成正比关系：人均国民生产总值达1000美元时，人均能耗在1500千克标准煤以下；人均国民生产总值达4000美元时，人均能耗高达10000千克标准煤以上。

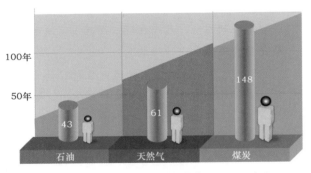

↑常规化石能源预测可用年限（数据来自BP，2012年）

近几十年来，由于人类对自然资源没有节制的大量消耗，人类赖以生存的资源基础已经遭到了持续削弱。尤其是在20世纪

↑实施限量供应后美国马里兰州加油站外大排长龙的车队（Warren K. Leffler，1979年摄）

70年代末至80年代初发生的两次席卷全球的能源危机，震惊了全人类。当时原油价格曾从1973年的每桶不到3美元涨到1981年2月的39美元，导致部分国家实行了限量供给。

与此同时，水和空气受污染的趋势有增无减，局部环境的恶化加剧了新的全球性困扰；人口增长速度过快，世界人口已突破70亿，比1950年的25亿增加了近2倍。农业和工业高速发展的压力排挤着其他物种，使其濒于灭绝；由于索取过多，使得人类赖以生存的土壤、森林、港湾和海洋遭受侵蚀的速度明显加快，降低了地球自身的承载能力，改变了地球的大气环境。

能源问题经历了一个逐步发展的历史过程，是工业化对自然资源无节制地过度消耗的产物，并发展成为遍及地球每一个角落、每一个国家的世界性问题。人类对能源问题的认识同样也经历了一系列逐步深化的历史过程，时至今日，我们对于能源问题所引发的资源环境危机已达成共识。能源问题总是同人口、环境、经济、社会等问题紧密地联系在一起，进入21世纪以来，人口剧增与经济发展的压力，正在超过资源环境所能承载的极限。自然资源迅速耗减，生物物种濒临灭绝；矿物能源日益枯竭，矿产资源极其短缺；海洋健康严重损害，资源宝库面临浩劫；淡水资源严重不足，森林资源持续赤字；水土流失日益加剧，温室效应愈演愈烈；气候变化持续异常，自然灾害频繁发生……人类所面临的已是一个满目疮痍、不堪重负的星球。

在未来的一个世纪中还会不会发生类似20世纪那样的能源危机？从能源结构、地域分布、政治环境等方面来看，没有任何理由做出过于乐观的判断。目前世界能源消费结构中石油占了39%，而且三分之二的石油储量集中在波斯湾地区。此外，煤炭、石油以及天然气等化石能源大量使用所造成的环境问题日益严重，是形成局部空气污染以及产生酸雨、温室气体等地区性环境问题的根源。为了保障总计达20万亿美元的世界经济正常运行，全球每年需向大气排放60亿吨二氧化碳，而地球已经难以继续承受。

能源是人类生活中最重要的资源，能源问题一再牵动社会的神经。人类近代史上几次大的飞跃都得益于对能源的开发利用，而几次大的全球危机也都因能源而起。在经济全球化、政治格局多极化的今天，保障能源持续供应，建立能源安全体系已成为世界各国能源战略的出发点和核心内容。

历史上的三次石油危机 🔍

第一次石油危机。1973年10月，第四次中东战争爆发，石油输出国组织[1]的阿拉伯成员国为打击以色列及其支持者，于当年12月宣布收回原油标价权，并将其基准原油价格从每桶3.011美元提高到10.651美元，国际市场上的石油价格从每桶3美元涨到12美元，上涨了4倍，从而引发了第二次世界大战之后最严重的全球经济危机并持续3年，对发达国家的经济造成了严重的冲击。美国的工业生产下降了14%，GDP下降了4.7%；日本的工业生产下降了20%以上，GDP下降了7%；欧洲GDP下降了2.5%。危机之后，以美国为首的一些发达国家组成了国际能源署，应对可能出现的石油危机，这个机构要求成员国必须保持相当于前一年90天进口原油的储备量。

第二次石油危机。1978年底，伊朗爆发革命后与伊拉克开战，导致石油日产量锐减，引发第二次石油危机。危机中全球石油产量从每天580万桶骤降到100万桶以下，日缺口560万桶，国际油价自1979年的每桶13美元猛增至1980年的35美元。这种状态持续了半年以上，成为20世纪70年代末西方经济全面衰退的一个主要诱因，致使美国GDP下降了3%左右。

第三次石油危机。1990年爆发的海湾战争直接导致了世界经济的第三次危机。由于来自伊拉克的原油供应中断，国际油价在三个月内由每桶14美元暴涨至42美元。美国经济在1990年第三季度加速陷入衰退，拖累全球GDP增长率在1991年降到2%以下。国际能源署随后启动了紧急计划，每天将250万桶储备原油投放到市场，油价一天之内暴跌十几美元，石油输出国组织也迅速增产，因此此次高油价持续时间并不长，与前两次危机相比，对世界经济的影响要小得多。

三次石油危机具有共同的特征：都是因为石油输出国组织成员国供给骤减，促使市场陷入供需失调的危机中；都对处于上升循环末期、即将盛极而衰的全球经济造成了严重冲击。此外，在2000年全球经济复苏开始、2001年"9·11"事件后以及2003年美国对伊拉克动武等时期，国际油价也曾暴涨过，但对当时的经济影响不大。[2]

---

[1] 石油输出国组织，即OPEC（Organization of Petroleum Exporting Countries），中文音译为欧佩克。1960年成立，其宗旨是协调和统一成员国的石油政策，维护各自和共同利益。

[2] 参见卫灵主编《当代世界经济与政治》，华文出版社，2008年。

11.2　能源的政治属性

能源作为人类社会生存和发展的重要战略物质，无疑具有非常明显和难以撇清的政治属性。以石油这种最重要的能源为例，自被人类发现以来，围绕它的竞争就从来没有间断过。究其原因，不仅在于石油的物质属性，更在于它的政治属性。近代以来，能够成为大国以及强国的国家，都掌握了丰富的石油资源。在世界上，哪个国家能获得更多的权力，能拥有更多的石油，哪个国家就能在国际关系的战略上争取主动。

一般而言，石油作为一种物质资源，其本身是没有政治属性的，但不能说石油资源的开发利用等一系列问题与政治无关。石油对于现代社会和任何想建立现代社会的人们都是必不可少的，再加上石油资源与石油消费地在空间分布上的分割，更加深了石油富集国家和地区的"地缘政治"特色和"石油地缘政治"色彩，所以，对它的勘探、开发、利用、买卖、输送、占有等，便引发了许许多多的重大政治事件。

石油的政治作用主要表现为其消费量直接影响一国经济的发展速度。一般而言，在石油价格平稳阶段，经济的增长与石油消费的增长成正比关系，如果石油供应始终处于紧张状态，势必成为制约一国经济发展的"瓶颈"。石油作为一种重要的战略和民用物资，不仅能对世界经济的发展有所贡献，成为促进国际和平交往的使者，而且也能成为战争的导火索，在战时甚至还关乎一国的生死存亡。因此，各国都尽可能地控制石油资源，谁掌握了石油的控制权，谁就掌握了政治、经济乃至战争的主动权。

石油已与国际政治结下了不解之缘，在国际政治斗争中常常被用来作为达到一定目的的手段。20世纪80年代初，当美国里根政府得知苏联通过大量出售石油得到高额利润后，立即派人到中东和欧洲一些产油大国游说他们大量增产原油，世界油价顿时一泻千里，从而导致苏联外汇收入大幅度下降，迫使其几十个大型工业项目因而取消，内部经济结构日益恶化，美国的"石油武器"成了导致苏联解体的重要因素之一。正当新世纪的钟声还余音在耳之际，美国又不惜冒着步英国和苏联后尘而落入"阿富汗陷阱"的危险，打响了"世纪第一战"。虽然从表面上看，此战已经以美国为首的西方国家的胜利而结束了，但争夺该地区石油资源或明或暗的战争还远远没有结束，甚至可以说只是刚刚开始。美国一轮接一轮的军事行动相继在中东、中亚展开，为了"石油桶"，美国甚至不惜点燃伊拉克这个大"火药桶"。

再看看异军突起的俄罗斯，也正在为了自己的强国梦而在中东—里海地区与美国进行着如火如荼的"油管"和"油碗"之争。2007年10月15日，俄罗斯总统普京不顾暗杀传闻，在结束访问德国后直飞伊朗首都德黑兰，与伊朗总统内贾德举行会谈，并参加了第二天开幕的里海沿岸国家峰会，这是俄领导人二战后60多年来对伊朗的首次访问。普京作为俄罗斯领导人重返中东—里海地区，该处拥有的丰富石油和天然气资源无疑是题中应有之意。可见靠石油使经济起死回生并且重拾大国地位的俄罗斯也绝不是等闲之辈。随着"世界性石油短缺大势"的出现，石油争夺战预计将会更加激烈。

时至今日，无论是世界强国还是发展中国家，其政策仍然受到能源——首先是石油的强烈影响。表面上看石油本身只是一种具有战略意义的物质资源，但是对于一个国家来说，拥有石油这种物质资源的多少或获取能力的大小，则是一件具有战略意义的大事。一国要想获得经济发展、政治稳定、军事安全，没有充足、稳定、价格合理的石油供应几乎是不可能的。对于高度依赖国外石油资源的国家而言，必然别无选择地要卷入与石油有关的国际事务中去，所以我们不得不承认石油又是最大的政治。石油作为国际政治中的敏感因素，不仅影响着世界各国外交政策的制定和外交战略的实施，也影响着世界政治和国际关系格局的变化。

21世纪以来，石油能源形势的紧张状况不但没有缓解，反而日益紧张。石油成了让人着魔的黑色精灵，人们为了拥有它将会不择手段，甚至不惜一切代价。今天世界上的许多纠纷也和石油相关，非洲、南美，包括中亚地区都因为石油之争而动荡不安。

石油作为一种最具代表性的能源，其政治属性可见一斑，而其他各种能源，如动辄流经数国的江河能源、方兴未艾的海洋能源、影响重大的核能源等，也在直接或间接地左右着世界政治局势，被打上了不可磨灭的政治烙印。我们大可断言，当今世界，得能源者得天下！

石油左右政治 🔍

人们常常认为，寻找能源是英美两国对外政策的根本原则。有人指出，英国决定释放因制造洛克比空难而被判刑的利比亚人迈格拉希，就是在打利比亚油气资源的主意。英国政府当然极力想消除人们的这种看法，称这是在经过"广泛磋商"并涉及英国"巨大利益"的情况下，才考虑将囚犯移交给利比亚的。说辞中虽没有用"石油"一词，但后来该国也不得不承认，贸易和石油利益在英国"重新接纳"利比亚的意愿中发挥了"非常重大的作用"。

诚然，石油并不是英国在利比亚唯一需要考虑的利益，但寻找更安全、更多元的能源供给，无疑对英国的对外政策来说越来越重要。英国在北海地区的能源储量正逐渐耗尽，因此也正在担忧日益迫近的能源危机——利比亚看上去是一个有前途的、潜在的油气供应国，对外国石油公司异常开放。在伦敦证券交易所分列市值第二和第三位的英国石油公司和荷兰皇家壳牌石油公司都在利比亚签署了勘探合同。

英国与利比亚的关系只不过是一个普遍现象的缩影，能源是众多重大国际政治问题的核心。这是因为，没有一个世界主要经济体——美国、日本或是欧盟—的油气资源接近自给自足，全球对能源的需求正稳步上升，各主要经济体都在争相获取供应源。

美国学者迈克尔·克莱尔❶在其著作《强国崛起，地球枯竭》一书中指出："在一个强国崛起、资源枯竭的世界里，不断扩大的能源消费国群体之间必将产生激烈的竞争。"这本书的封面上有美国国家情报总监丹尼斯·布莱尔的诚挚推荐。

这种关于能源的"激烈竞争"已开始影响世界主要经济体对外政策的例子有很多。俄罗斯与欧盟之间的紧张局势主要是因为欧盟日益依赖俄罗斯的能源供给。针对西方强国很可能会因为伊朗核项目而试图加大对伊朗制裁力度的做法，印度则保持谨慎态度，因为伊朗是其能源需求的关键供应源，印度人还希望修建一条天然气管道将伊朗的天然气运往其国内市场。

在任何有可能的地方，主要能源需求国都希望签署能源协议——目前国际社会对非洲的兴趣也因为石油资源而与日俱增，安哥拉、尼日利亚、刚果等国都开始成为国际社会关注的热点。以安哥拉为例——事实上世界各国领导人越来越喜欢出访安哥拉。2009年8月，美国国务卿希拉里·克林顿对安哥拉进行了访问。2009年6月，俄罗斯总统德米特里·梅德韦杰夫也出现在那里。另外，自从巴西发现了大型海上新油田之后，巴西人也

第二篇　困局丛生：我们面临的挑战

---

❶ 迈克尔·克莱尔（MichaelT.Klare），美国和平和世界安全问题专家，著有《资源战争》、《血与油》等。

越来越受欢迎。

美国入侵伊拉克的原因无疑有很多，但最近退休的美联储前主席艾伦·格林斯潘在其回忆录中叹道："在政治上不便承认这个人人都知道的事实：伊拉克战争主要与石油有关。"

无论格林斯潘关于伊拉克的论断是否正确，可以确定无疑的是：美国领导人高度担心石油的可获得性和价格，不能责怪他们。20世纪70年代的两场石油危机引发的经济"滞胀"，在那10年里一直困扰着欧洲和美国，相比之下，里根和克林顿任期内的长期繁荣都受到了低油价的支撑。苏联的解体与20世纪80年代油价的下跌有很大关系，而过去10年油价的攀升让俄罗斯变得更加富裕、更加自信。

正如石油行业的知名历史学家丹尼尔·尤金❶所言："是石油让我们的生活场所、生活方式以及通行方式成为可能……石油和天然气也是化肥的关键原料，全世界的农业都依赖于此；石油让我们可以将食物运输到完全不能自给自足的世界各大城市。"

政治家们知道，如果燃料价格飙升或出现电力短缺，他们会受到选民的惩罚。但他们同样也知道，如果公然将寻找石油作为对外政策的核心，就有可能被谴责为利欲熏心、没有道德。在涉及能源安全问题时，西方政治家像孩子一样对待他们的选民——但私底下表现得完全像个成人。

11.3　能源与战争的姻缘

如果说战争大多是因为能源，而且也离不开能源，估计没有人会反对。古代的战争通常和生物质能与畜力能源的关系紧密。古人说"兵马未动，粮草先行"，是指利用马和其他动物的畜力，来帮助军队运送粮草。而中国古代春秋战国时期以及希腊同时期的战争，利用马匹牵引的战车是重要的作战工具，"千乘之国""万乘之君"❷的说法说明了这种战车的对国家的重要性。成吉思汗能够率领蒙古铁骑横扫欧亚大陆，主要也是利用了马的力量，而战争的目的也是夺取粮食、牲畜、水源等能源。

---

❶ 丹尼尔·尤金（Daniel Yergin），美国能源专家，剑桥能源研究机构（Cambridge Energy Research Associates）主席，著有《捕获：对石油、金钱和权力的巨大欲望》等书。

❷ 中国古代用四匹马拉的一辆兵车叫一乘，诸侯国的大小以兵车的多少来衡量。千乘之国，指拥有一千辆兵车的中等诸侯国。万乘之君，指拥有一万辆兵车的大国的国君。

到了今天，由汽车、坦克、装甲战车和飞机、舰船取代了畜力的作用后，军队的战斗力有了明显的提高。能否打赢战争，关键是要看军队有没有强大的战斗力，而战斗力主要在于火力与机动能力，机动能力就是能够把兵力快速地投送到战场上。同时，兵力和武器互相配合非常重要。谁能够更快地把补充弹药，使敌人遭到毁灭性的打击，谁才能更好地保存自己并实现战略目标。现代战场的空间跨度已经今非昔比，可以从上万千米以外对敌方军事目标进行打击。例如阿富汗战争和伊拉克战争，美国的B—2型隐形轰炸机从本土出发，通过不断的空中加油，可以到达1万多千米之外的海湾地区和阿富汗上空进行打击。现代战争的面貌已经焕然一新，所依赖和争夺的资源也已经以石油为主。

过去100年的历史在很大程度上就是掠夺和控制世界石油储备的历史，几乎每一次战争、冲突和动荡，都跟石油有直接和间接的关系。特别是20世纪50年代，世界进入"石油时代"以后，全球为了争夺石油资源而引发的冲突和战争更是层出不穷，石油就像打开了潘多拉的盒子，由其引起的能源角逐从未像今天这样惨烈。

20世纪初，石油成为西方工业国争夺的主要战略资源，以德国为首的同盟国与以英国、法国和俄国为核心的协约国为争夺战略要地及石油资源，于1914~1918年进行了第一次世界大战，交战双方共消耗油料1300多万吨，协约国依靠美国和英国的石油打败了同盟国。在战后的石油会议上，英国的乔治·寇松❶有一句经典名言，他说："协约国是在石油的波涛上漂向胜利的。"由此可见，石油已成为现代战争的支撑性力量。

除了政治、经济与军事受到石油的影响外，就连恐怖分子的活动也借助于石油驱动的交通工具，例如"9·11"事件中19名恐怖分子就是劫持飞机对纽约世贸大楼进行撞击，导致世贸大楼被摧毁。"9·11"事件震惊了世界，美国随之发动了21世纪的第一场反恐战争，其起因、目的及进程都与石油有着密切的联系。

当今世界，凡是持续动荡以及局部战争频发、冲突不断的地区，几乎都是石油储量丰富的地区。自第二次世界大战结束以来，在中东地区发生的武装冲突和战争有30多次，进入21世纪，美国发动的大规模战争如阿富汗战争与伊拉克战争等，都与石油蕴藏丰富的中东及中亚地区有着直接和密切的关系。无论发动战争以获得石油资源，还是其后控制石油资源，都反映了重要的石油集团的利益——在战争和形势危急时，石油利益集团也会寻求军事上的保护。石油还是美国与对

第二篇 困局丛生：我们面临的挑战

❶ 乔治·寇松（George Nathaniel Curzon），曾任英国内阁外交大臣。

手竞争的重要工具，如前文所说，美国与前苏联对峙的冷战时期，石油起到了重要作用。所以说，石油对于世界的政治与经济产生着重要影响，不但影响着战争的胜负，也关系着国家的兴亡。

伊拉克是曾建造了"空中花园"这一举世奇迹的古巴比伦故地，拥有非常丰富的石油资源，石油储量居世界第三位，在中东所有国家中的自然条件最为优越，但也正是因此使得萨达姆过高地估计了国家实力，在国家战略决策中发生了重大失误，在1980年发动了与伊朗的战争。"两伊战争"打了8年，两败俱伤，双方伤亡几百万人，大量的石油财富湮灭于战争，使两国经济遭受到了严重影响，伊拉克至今仍陷在动荡和冲突之中。

除此以外，非洲、南美和中亚地区，尤其是非洲产油最多的几个国家如尼日利亚、安哥拉、利比亚等，都因大国和其内部各方势力对石油的争夺而导致战乱频仍。安哥拉是非洲西海岸的一个主要国家，内战双方围绕着国家政权的争夺，分别凭借手中的石油和钻石资源进行了20多年的内战。苏丹北部地区主要信仰伊斯兰教，南部地区主要信仰基督教，南北之间围绕着宗教矛盾和石油资源分配也在不断地发生冲突。南美洲的哥伦比亚、委内瑞拉、墨西哥等主要的石油生产大国同样动荡不安。

能源，既点亮了灿烂文明，也点燃了残酷战争，但是究其根本还是在于掌握能源的人类。如何合理分配和利用能源，实现全人类的共同繁荣和文明的持续前进，避免战争和动乱带给我们的伤痛，是步入新世纪和希望开启新文明的我们必须正视、反思和解决的宏大命题。

全球四大能源"火药桶" 🔍

2009年俄罗斯的《安全战略》曾明确指出，"能源争夺"将是挑起未来战争的导火索。确实，各国围绕中东、巴伦支海大陆架、北极地区、里海地区、中亚和其他重要能源产地控制权的竞争从未停止，并造就了四大能源"火药桶"。

*中日东海之争。*早在1968年，联合国亚洲及远东经济委员会就在一份报告中指出，中日之间的东海地区拥有多达200亿米³的天然气储量和大量石油。之后，中日就东海大陆架的划界问题一直存在争端，其根源在于专属经济区界线的划分，而焦点集中在钓鱼岛及附属岛屿的主权问题上。钓鱼

岛及附属岛屿位于中国东海大陆架边缘，是中国最早发现和命名的。20世纪60年代末，该岛附近被认为可能蕴藏大量石油和天然气后，日方单方面采取行动，开始对岛屿进行勘探，并企图占为己有。2012年9月10日，日本政府单方面宣布"购买"钓鱼岛及附属的南小岛、北小岛，实施所谓"国有化"，严重侵犯了中国领土主权，至今战争阴云未散。

北极主权纷争。北极地区的自然资源极为丰富，除了富饶的渔业和丰富的水力、风力、森林等可再生的自然资源外，还有石油、天然气、铜、钴、镍、铅、锌、金、银、金刚石、石棉和稀有元素等不可再生的矿产资源，因此北极也被称为"第二个中东"。另外，随着全球气候变暖，冰山融化进一步加速，将打通北极地区连接大西洋和太平洋的"西北通道"，使现有的从亚洲到欧洲的行程缩短上万千米，不但可以节省运费，而且具有重要的军事意义。由于国际上还没有一部法律明确规定北极地区的归属问题，截至目前，已经有北欧的丹麦、冰岛、挪威、瑞典和芬兰，美洲的美国和加拿大，以及俄罗斯等国宣称对北极拥有主权。该区域的归属纷争，有可能引发战争。

美伊互掐"油喉"。伊朗石油和天然气资源丰富，截至2006年底已探明石油储量1384亿桶、天然气储量27.51万亿米^3，仅次于俄罗斯，居世界第二位。石油是伊朗的经济命脉，石油收入占其全部外汇收入的85%以上，伊朗也因此成为石油输出国组织第二大石油输出国。1971年11月，伊朗出兵占领了霍尔木兹海峡附近原属英国保护地的阿布穆萨岛和大小通布岛。这三个岛地处波斯湾，临近数个主要油田，因此具有重要战略意义。伊朗基本可以实现对海峡的封锁，实际上扼住了该地区运输要道。美军在波斯湾及其周围地区部署了大量军队，其第五舰队司令部就设在巴林，随时有大约30艘美军和盟军战舰在该地区活动。美军之所以急切地进军中东，除了其军事位置重要外，更看重的是该地区的能源。伊朗和阿曼之间的霍尔木兹海峡则成为美国急需保护的对象，一旦霍尔木兹海峡遭遇伊朗封锁，对美国将是一大打击。

非洲小国因油而乱。20世纪90年代以来，贫困的赤道几内亚等国相继发现油田，几内亚湾成为重要的能源基地，该地区石油总储量可能超过240亿桶，几内亚湾有望成为新的中东。然而，安哥拉、喀麦隆、加蓬、赤道几内亚、尼日利亚、刚果民主共和国等几内亚湾周边国家的海上边界至今没有划定，现在该地区国家尚能和平处理争端，但赤道几内亚和加蓬仍在就1972年岛屿被占问题纠缠不清，尼日利亚暴力冲突持续不断，几个岛国内部的政变企图也持续不断。此外西非国家政府内部腐败严重，一些国家从石油中攫取的财富并没有用于改善人民的生活，这些都可能引发民众不满，该地区未来局势极不稳定。

第四篇
永续动力：我们追寻的梦想

在每一个文明演进的拐点，人类似乎都会陷入困境，却又总能够涅槃重生。进入现代社会以来，面对丛生的困局挑战，我们追寻永续动力的梦想从未停歇。尽管前行的道路上依然布满荆棘，但技术创新取得可喜进展，让我们穿透乌云看到阳光；制度变革结出累累硕果，为我们铺平前行的道路；国际合作化解种种难题，让我们感受到团结的力量。

12 技术创新：穿透乌云的阳光

12.1 传统能源技术的改进

文明前行离不开能源动力，能源动力离不开能源技术。从某种程度上讲，人类文明的历史就是能源技术进步的历史。无论是钻木取火，还是利用风、水等自然力，还是火力发电、石油利用、核电应用等等，我们都在长期的探索与积淀中持续创新、不断进步，使之更加清洁、高效。从风能利用和火力发电技术的变化，就能够感受到传统能源技术改进的脚步。

风能利用技术。风能是人们非常熟悉的传统能源，其利用已有几千年的历史，它和畜力、水力一起，伴随人类度过了漫长的农耕文明岁月。在蒸汽机发明之前，风能是我们重要的动力，风帆引领人们探索和征服江河湖海，风车帮助人们提水、灌溉、磨面、锯木、榨油、排水。

近现代以来，风力机械由于无法与蒸汽机、内燃机、电动机相竞争，逐渐被淘汰。20世纪70年代中期，由于化石燃料日趋减少，风能利用技术重获重视并逐步改进发展，尤其是风力发电技术成为再生能源的重要代表。

19世纪末，丹麦研制出风力发电机并建成第一座风力发电站；1931年，苏联采用螺旋桨式叶片建造了当时世界上最大的一台30千瓦风力发电机组；20世纪80年代以来，发达国家对风力发电机组的研制取得了重大进展，单机容量为3.2兆瓦的水平轴风力发电机组、4.0兆瓦的立轴达里厄风力发电机组相继研制成功；20世纪90年代，单机容量为100~200千瓦的风力发电机组已在中型和大型风电场成为主导机型。近年来世界风电装机容量发展迅猛，美国、德国、法国、丹麦和中国对发展风力发电非常重视。2012年底，世界

↑新疆达坂城风电场

风力发电装机总容量达到了2.82亿千瓦，年装机容量超过4000万千瓦，成为继水电、煤电和核电之后的第四大主要发电能源。

进入21世纪，风力发电技术进一步提高，应用了风轮机新设计、可调式转子、直接驱动、变速转化系统、电力电子和优质材料等，风电机组单机容量持续增大、形式日益多元化、制造技术不断智能化、可利用率不断提高，设计技术也趋向成熟，在非定常和非均匀载荷以及恶劣气候环境下能够运行20年甚至更长时间。今后，风力发电技术将进一步提高运行的可靠性、稳定性，降低设备投资及发电成本，风力发电机组单机容量将以数百千瓦至兆瓦级为主，还将采用轻质材料和先进机翼制作的高塔架，研发独立和多部件形式的漂浮式风力发电风轮机。风力发电的清洁性和安全性符合全球可持续发展的要求，竞争力不断加强，在世界电力构成中所占比重进一步提高，已成为21世纪发展最快且成本最低的再生能源之一，将有效减少世界对化石能源的依赖，减少二氧化碳的排放。❶

火力发电技术。火力发电是利用煤炭、石油、天然气等固体、液体、气体燃料燃烧时产生的热能来加热水，产生高压水蒸气，以之推动汽轮发电机发电的一种方式。在所有发电方式中，火力发电历史最久，也最重要。最早的火力发电是1875年在巴黎北火车站的火电厂实现的。随着发电机、汽轮机制造技术的完善，输变电技术的改进，特别是电力系统的出现以及社会电气化对电能的需求，20世纪30年代以后，火力发电进入大发展时期。

火力发电过程中，排出大量烟气、灰渣，发出噪声等，都会对环境造成污染。近年来，火力发电技术通过多种途径得到了改进和发展，如采用脱硫脱硝装置；二氧化碳捕集与封存；采用煤和生物质共燃、向天然气中添加人造沼气，将燃料从煤转换为

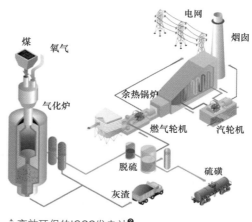

↑高效环保的IGCC发电站❷

❶ 参见菲尔·奥基夫等著《能源的未来 低碳转型路线图》，石油工业出版社，2011年；邢运民、陶永红主编《现代能源与发电技术》，西安电子科技大学出版社，2007年；国际能源署，张阿玲等译：《能源技术展望》，清华大学出版社，2009年。

❷ IGCC（Integrated Gasification Combined Cycle）整体煤气化蒸汽燃气联合循环发电系统，是将煤气化技术和高效的联合循环相结合的先进动力系统。它由两大部分组成，即煤的气化与净化部分和燃气-蒸汽联合循环发电部分。

天然气等，衍生出了天然气联合循环系统（NGCC）、燃煤电厂气化循环系统、流化床燃烧（FBC）、整体煤气化蒸汽燃气联合循环发电系统（IGCC）、燃料电池、清洁煤等多种先进技术。

以洁净煤技术为例，它是指在煤炭从开发到利用的全过程中，对煤炭进行提高利用效率的加工、燃烧、转化并进行污染物控制的一系列新技术的总称，使煤作为一种能源实现应达到的最大限度利用，包括洁净生产技术、洁净加工技术、高效洁净转化技术、高效洁净燃烧技术和燃煤污染排放治理技术等。洁净煤发电涉及下列几个主要技术领域：一是煤利用前的净化技术，即选煤，目的是降低原煤中的杂质含量，一般可以除去50%~70%的灰分，甚至可以脱除30%~40%的硫分；二是煤燃烧过程中的洁净技术，这是实现洁净煤发电最重要的核心领域。采用低氮氧化物燃烧技术改进燃烧方式可以降低污染物的排放量，是既经济又易于推广的技术措施；三是烟气净化技术，亦即实现烟气脱硫降低电站锅炉二氧化硫的排放量，这也是世界上应用最为广泛的一种控制硫氧化物排放的技术；四是煤的转化，主要有煤的气化和液化，能够有效提高煤热能的利用率，还可以减轻直接烧煤造成的污染。洁净煤技术在煤炭的开发利用过程中大大减少了对环境及人体的危害，从煤炭这一传统"非清洁"能源中获得"清洁"的气体与液体燃料，又在火力发电中大大提高了转化效率，对火力发电进行了重大改进和发展。

还有一种燃气轮机发电技术，让燃料与压缩空气一起进入燃烧室，进行混合燃烧后的热量不是用来加热蒸汽，而是使具有一定速度和方向的燃气（即燃烧后的热烟气）进入燃气轮机，喷射推动燃气轮机的转子飞速旋转以带动发电机发电。同蒸汽轮机相比，燃气轮机直接利用燃气的压力和温度，简化了能量的转化过程。德国还发明了"燃气轮机—蒸汽轮机联合循环发电"方式，使一次燃烧的能量能两次发电，大大提高效率。目前这种方式的热利用率已达47%，并有继续提高的空间。

传统能源技术的创新是一个复杂而持续的过程：科学研究新成果产生新技术，而新技术的传播又带来效率的提高和成本的降低，并衍生出许多新的技术应用，市场的反馈最终又完善和改进了技术。火力发电技术的改进在实现二氧化碳减排的过程中起到了非常关键的作用。

建筑节能的智慧 🔍

节能不是降低原有生活质量少用能源，而是提高能源终端的使用效率，善用能源，巧用能源，达到更合理高效地使用能源，是对传统能源技术的改进和发展。建筑节能技术与人们的生活密切相关，它是指在建筑物的规划、设计、建设、改造和使用过程中，执行节能标准，采用节能技术、工艺、设备、材料和产品，加强建筑物用能系统的运行管理，在保证室内环境质量的前提下减少供热、空调制冷制热、照明和热水供应的能耗。2010年上海世博会的世博中心，堪称公共建筑节能技术的典范。

↑ 充满智慧的节能建筑：上海世博中心

在设计伊始，世博中心就大量引进了国内外建筑的相关节能、环保标准并严格执行，按照减量化（Reduce）、再利用（Reuse）、再循环（Recycle）的3R设计原则，从节能、节水、节材、节地等环节入手，统筹安排资源和能源的节约、回收和再使用，减少对资源和能源的消耗，减少污染物的排放，减少建筑对环境的影响，真正体现"城市，让生活更美好"的世博主题。

世博中心总能耗低于国家节能标准规定值的80%，建筑节能率为62.8%，非传统水资源利用率为61.3%，可再循环建筑材料用料比为28.9%。世博中心每年节约的能耗相当于2160吨标准煤（相当于解决了上海1万多居民一年的总用电量），年减少二氧化碳排放5600吨，年节约自来水16万吨（相当于解决了上海1万多居民一年的用水量）。实现这些节能指标，世博中心靠的是降低建筑能耗和最大程度节能减排双管齐下。

南北外墙设计各不相同。城市大型公共建筑因为常采用玻璃幕墙、不能自然通风、风机和水泵的电耗巨大等原因，能耗问题日趋严重、节能形势日益严峻，这已经成为世界性难题。为了降低建筑能耗，世博中心在临世博公园和黄浦江且没有夏季阳光暴晒之虞的北面外墙，采用大面积透明玻璃幕墙，尽可能多地利用自然采光，同时能饱览世博公园和黄浦江美景；在日照充分的南面外墙采用自遮阳立面设计，双层玻璃幕墙中有金属丝网和惰性气体，遮阳、保温效果显著，在炎热的夏日，可以阻挡一部分直射的阳光，减少过多热量进入室内，既减少能耗，又创造了舒适的室内环境。

将太阳能用到极致。为了最大程度地实现节能减排，上海世博中心采用"太阳能建筑一体化"技术，在楼顶平铺安装5360块常规太阳能电池组件，在楼顶设备房南立面安装1064块光伏遮阳组件，总装机容量达到1兆瓦，通过与城市供电系统并网，向电网供电，每年可节约标煤约357吨，减排二氧化碳950吨。特别是光伏遮阳系统，是将太阳能光伏技术与传统的遮阳装置结合在一起的新型光伏建筑构件，可以遮挡太阳辐射经建筑外围护结构传入室内，防止室内空气、墙面、地面等表面温度升高，有效改善室内热舒适。

利用江水、回收雨水。上海世博中心发挥邻近黄浦江的优势，采用江水源、冰蓄冷、水蓄冷、雨水收集等新型能源转换技术。江水源热泵系统夏季利用黄浦江水冷却制冷、冬季进行供热，与燃气供热相比，每年运行一次能耗可减少40%～60%，运行费用可减少50%～70%，节约标准煤约1000吨，减排二氧化碳2660吨，节能减排意义重大，美化了建筑景观，又能够帮助缓解城市热岛效应，还节省了大量水资源。

此外，上海世博中心还建立了完善的雨水综合控制及利用系统，年平均可回收利用雨水量约为3万米^3，约占年用水量的14%以上；除此之外的杂用水收集利用系统，年平均杂用水利用量约为12.3万吨，约占年用水量的58%以上。上海世博中心均采用节水型卫生洁具及配件，能够有效节水，采用程控型绿地微灌系统，比地面漫灌省水50%~70%，比喷灌省水15%~20%。

12.2 新型能源技术的探索

除了传统能源技术的改进之外，我们一直在积极地探索各种新型能源技术，光伏发电技术，生物质能发电技术，氢能利用技术，页岩气开发技术，燃料电池技术等能源开发利用技术取得重要进展，压缩空气技术、飞轮技术等储能技术，超导技术、特高压技术等传输技术，以及智能电网技术等综合利用技术也取得了重大突破。

光伏发电技术。光伏发电技术是利用半导体材料的光电效应，将太阳的光能直接转换为电能。由具有"特异功能"的半导体研制而成的太阳能电池是光伏发电所必需的关键元件，它可以在太阳光的照射下产生电压和电流，把太阳能转换为日常生活中所必需的电能。自然储量极其丰富的硅是太阳能电池的主要原料，将之通过

↑电动汽车太阳能充电站

提炼达到一定的纯净度，再加入少量的添加剂（如硼和磷）使得硅原子产生电荷而具备导电性，就可以制成太阳能电池。太阳能电池在吸收阳光时会产生像常见的碱性电池一样的直流电，电流随着光照程度的变化而变化。随着光伏材料技术的发展，太阳能电池的种类越来越多：薄膜光伏电池组件吸收太阳光的能力比晶体材料强出很多，但输出功率却会逐渐退化；外延式的集光电池能够应用在太空中，效率也比其他电池高出不少。有机聚合材料的研发也正在进行着，更加稳定、低成本的太阳能电池也许就会从中诞生。

生物质发电技术。生物质发电也是未来的新趋势。它主要有两种方式，一种方式是生物质直接燃烧发电，也就是将生物质直接燃烧产生蒸汽从而推动发电设备进行发电，与火电厂的工作原理类似，这种技术也已经成熟并在逐步推广应用。另一种方式被称为生物质气化发电，它的基本工作原理是把生物质转化为可燃气体，再利用可燃气推动燃气发电设备进行发电，可以充分利用生物质能源，发电效率较高，因此是生物质在工业中大规模应用的基础性技术。生物质发电技术的开发还有一些令人匪夷所思的思路，如利用经过人工繁殖的植物提供能源，

第四篇 永续动力：我们追寻的梦想

"种"出生物柴油甚至是石油，这些"能源农业"的发展也许会给我们带来意想不到的惊喜。

氢能利用技术。氢能的利用主要有三种方式：一是利用氢的燃烧所释放的巨大能量做功；二是利用氢的反应产生电能；三是利用氢释放核能这一特殊的应用。氢能发电是利用氢和氧的化学反应来产生电能的一种技术。在美、日、德、英、法等各国的努力之下，氢燃料电池已经得到了很大发展，它不需要燃烧就能使得能量转换效率达到60%～80%，污染少、噪声小，且装置大小可以灵活设置。氢燃料电池除了能够用于大规模固定

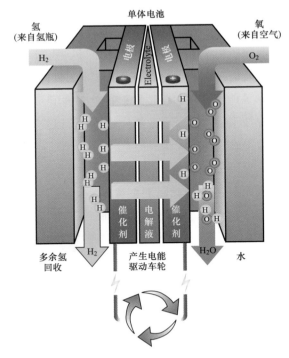
↑氢燃料电池原理

电站发电之外，还可以迷你化，变成为车船提供强劲动力的移动电源。氢能汽车是我们对未来的期许，在技术上已经可行，且比汽油汽车的燃料利用率更高，燃烧产物就是我们常见的水，对环境无害。

页岩气开发技术。页岩气是从页岩层中开采出来的天然气，是重要的非常规天然气资源。页岩气的形成和富集有着自身独特的特点，往往分布在盆地内厚度较大、分布广的页岩烃源岩地层中。它和常规天然气相比，具有开采寿命和生产周期长的特点，大部分产气页岩分布范围广、厚度大，且普遍含气，这使得页岩气井能够长期稳定地产气。

21世纪以来，随着新型钻井的使用和压裂技术的突破，地下页岩地层中的天然气得以大规模开发，引发了一场被称为"页岩气革命"的能源产业变革。拥有先进页岩气开采技术的美国已将其纳入国家战略性能源，正在大规模积极开发，页岩气产量已经占到美国天然气总产量的三成以上。美国通过对页岩气的开发利用，一跃成为天然气第一大资源国和生产国，天然气价格自2008年以来降幅已经超过80%，已彻底扭转能源自给程度下滑的态势，能源自给率逐渐提高，在2011年前10个月达到81%，为1992年以来的最高水平。

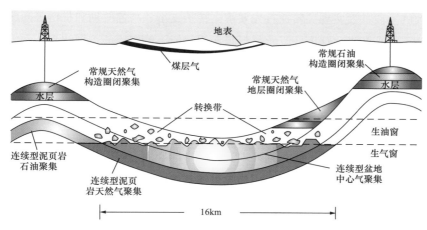

↑页岩气等能源在地质层的示意图

　　燃料电池技术。燃料电池是一种直接将储存在燃料和氧化剂中的化学能高效地转化为电能的发电装置，具有燃料多样化、排气干净、噪声小、污染低、可靠性高和维修性好等优点，被认为是21世纪全新的高效、节能和环保的发电方式之一。燃料电池电源系统主要包括燃料电池、直流变换器、逆变器和能量缓冲环节等。

　　压缩空气技术。该技术是在电网负荷低谷期将电能用于压缩空气，将空气高压密封在报废矿井、沉降的海底储气罐、山洞、过期油气井或新建储气井中，留待电网负荷高峰期释放压缩的空气推动汽轮机发电。压缩空气主要用于电力调峰和系统备用。

　　飞轮技术。飞轮技术是一种重要的新型机械储能方式，将能量或动量储存在高速旋转的飞轮转子中，实现电能到机械能再到电能转换的储能。飞轮由高速转子、支承转子的轴承、高速电动—发电互逆式电机和控制系统组成。飞轮储能具有储能密度高、峰值功率大、转换效率高、无污染和无充放电次数限制等优点。储能密度是衡量储能飞轮的重要指标，而提高转速是实现高储能密度

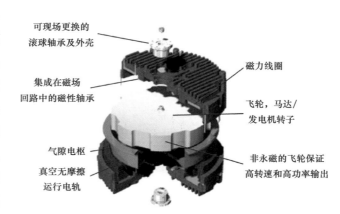

可现场更换的
滚球轴承及外壳

磁力线圈

集成在磁场
回路中的磁性轴承

飞轮，马达/
发电机转子

气隙电枢

真空无摩擦
运行电轨

非永磁的飞轮保证
高转速和高功率输出

↑飞轮模型

最有效的手段，而实现高转速首先要解决转子支承、高速驱动和材料等问题，采用磁悬浮轴承和高比强度的复合材料是实现储能飞轮应用的关键技术。飞轮储能的缺点是能量密度较低，并且保证系统安全性方面的费用很高，在小型场合还无法体现其优势，目前主要应用于为蓄电池系统作补充。❶

　　超导技术。超导是一种在某一温度下不存在电阻（零电阻）的导电现象，能够具有这种现象的物体称为超导体。在21世纪，超导技术已经成为电力科技领域最具发展潜力的技术之一，目前在电力系统中的应用已经取得长足的进步，正迅速地从实验阶段转入实际应用。因为输电线有电阻，电阻发热与电流的二次方成正比，因此输电线路都有很大的热损耗——据计算，现在的常规输电方式中有三分之一的能源被热损耗浪费掉。而超导电缆和普通电缆相比，输送容量大、损耗小，电网的电压等级可以因之大大下降。对于人口稠密的大城市来说，在供电电压不变的情况下，要想在有限的空间内扩大电力输送容量以满足迅速增长的电力需要，用超导电缆替代常规的铜芯电缆是理想的解决方案。随着技术的发展，新超导材料的不断涌现，超导输电有望在不久的将来得以实现，这将大大改变世界电力应用的面貌。超导技术还可以用来制造超导磁悬浮列车，在悬浮无摩擦状态下运行，大大提高速度和安静性，并有效减少机械磨损。利用超

↑迈斯纳效应中的超导体，具有极大工业应用潜力（Mai-Linh Doan）❷

导悬浮制造无磨损轴承，可将轴承转速提高到10万转/分以上。

　　特高压技术。输电按不同电压等级分为高压输电、超高压输电和特高压输电。国际上，高压(HV)通常指35～220千伏的电压，超高压(EHV)通常指330千伏及以上、交流1000千伏以下和直流±800千伏以下的电压，特高压(UHV)指交流1000千伏及以上和直流±800千伏以上的电压等级。特高压电网的突出特点是输送容量大、送电距离长、线路损耗低、占用土地少、联网能力强等。但世界上对特高

❶ 参见王毅等编著《智慧能源》，清华大学出版社，2012年。
❷ 迈斯纳效应是超导体相变至超导态过程中对磁场的排斥现象。弗里茨·瓦尔特·迈斯纳与罗伯特·奥克森菲尔德于1933年在量度超导锡及铅样品外的磁场时发现这个现象。

压特别是对交流特高压输电的经济性、安全性等方面仍存在争议。从20世纪70年代开始，欧美、日本等国家和地区都进行了交流特高压输电技术研究和试验，最终只有苏联和日本各建设了交流特高压线路，都没有实现商业化运行。近年来，中国在特高压技术和特高压工程建设方面已居世界领先地位，已成为目前唯一拥有商业化运行特高压电网的国家。

无线传输技术。现在已经问世的无线传输技术，根据其电能传输原理，大致可以分为三类：一是应用电磁感应原理。非接触式充电技术应用这一原理，将两个线圈放置于邻近位置上，当电流在一个线圈中流动时，所产生的磁通量成为媒介，导致另一个线圈中也产生电动势。这种技术在许多便携式终端里应用日益广泛。二是应用天线发送和接收电磁波能量的原理。这和100年前的收音机原理基本相同，直接在整流电路中将电波的交流波形变换成直流后加以利用，但不使用放大电路等。同以前相比，这种技术的效率得到提高，并且厂商正在推动将其投入实际应用。三是利用电磁场的谐振方法。谐振技术在电子领域应用广泛，但在供电技术中应用的不是电磁波或者电流，而只是利用电场或者磁场。2006年11月，美国麻省理工学院(MIT)物理系助理教授Marin Soljacic的研究小组首次宣布了将电场或者磁场应用于供电技术的可能性。

智能电网技术。智能电网，即智能化的电网，是将先进的传感测量技术、信息通信技术、分析决策技术、自动控制技术和能源电力技术相结合，并与电网基础设施高度集成而形成的新型现代化电网，包含电力系统的发电、输电、变电、配电、用电和调度各个环节。它建立在集成的高速双向通信网络的基础上，通过各种先进技术的综合应用，实现电网的可靠、安全、经济、高效、环境友好和使用安全的目标，其主要特征包括自愈、激励和抵御攻击、提供满足用户需求的电能质量、允许各种不同发电形式的接入、启动电力市场以及优化高效运行等。智能电网具有经济高效、清洁环保、友好互动和透明开放等优点。它能够更加灵活有效地调配电力供需，并利用先进电子电表所提供的实时用电信息来改变用户的用电行为模式，节约用电；还可以差异电价进一步降低尖峰用电，避免增建电厂的庞大投资，对电力供需双方都意义重大，有助于节能和减少碳排放；由于其机动、弹性和智能化，更便于衔接风能、太阳能等各种易受气候影响而不稳定的能源。智能电网以其显而易见的优势，代表了电网的发展方向，成为各国竞相发展的能源重点技术。

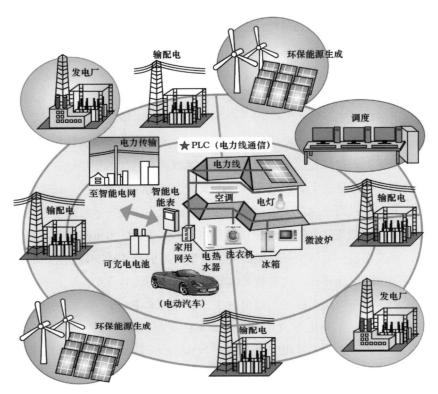

↑ 智能电网示意图

专栏

智慧城市的兴起与发展 🔍

　　智慧城市是指以物联网、云计算和宽带网络等信息通信技术为支撑，通过信息感知、信息传递和信息利用等，实现城市信息基础设施和系统间的信息共享以及业务协同，提高市民生活水平和质量，提升城市运行管理效率和公共服务水平，增强经济发展质量和产业竞争能力，实现科学发展与可持续发展的信息化城市。

　　建设智慧城市对解决城市发展面临的问题、促进产业升级和经济结构调整、促进社会和谐、提高国家竞争力具有重要作用。世界许多国家和政府组织都不约而同地提出了依赖互联网和信息技术来改变城市未来发展蓝图的计划。

　　美国中西部爱荷华州的迪比克市与IBM宣布共同建设美国第一个"智

慧城市"：通过采用一系列IBM新技术"武装"该市，实现完全数字化并将城市的所有资源都连接起来，可以侦测、分析和整合各种数据，智能化地作出响应，服务于市民的需求。瑞典的智慧城市建设，在交通系统具有显著特色：斯德哥尔摩在通往市中心的道路上设置了18个路边控制站，通过使用RFID技术以及激光、照相机和先进的自由车流路边系统，自动识别进入市中心的车辆并向在周一到周五的6:30～18:30之间进出市中心的注册车辆收取"道路堵塞税"，以此减少车流，使交通拥堵降低了25%，交通排队所需时间下降了50%，道路交通废气排放量减少了8%～14%，温室气体排放量下降了40%。韩国仁川市宣布与思科公司合作，以网络为基础全方位改善城市管理效率，努力打造一个绿色、资讯化、便捷的无缝连接生态型和智慧型城市。新加坡启动了"智慧国家2015"计划，力图通过包括物联网在内的信息技术，将其建设成为经济、社会发展一流的国际化城市。

在2012年底的召开的中国共产党第十八次全国代表大会报告中提出，要实现工业化、信息化、新型城镇化和农业现代化同步发展，其中的新型城镇化以智慧城市为代表和发展方向，是中国未来几年发展的动力所在，也是不断拉动内需的重要途径之一。智慧城市建设现今在中国飞速发展，目前已有28个副省级以上城市提出建设智慧城市目标。❶

智慧城市离不开智慧能源。中国的城市化进程面临着资源约束趋紧、环境污染严重、生态系统退化的严峻形势，传统能源已经满足不了可持续发展的要求，以前文提到的光伏发电、生物质发电、压缩空气储能、飞轮储能，超导传输、无线传输等技术为代表的智慧能源技术，将成为缓解上述形势的良药妙方。

13 制度变革：铺平前行的道路

13.1 未雨绸缪的发展规划

对于任何一个国家的能源供应体系来说，适应外界变化是必须具备的关键能力之一。这种适应是一个过程，需要运用非凡的智慧扭转能源体系的脆弱，需要制定具有超前视野的能源发展规划，胸怀当下，放眼未来。

---

❶ 中国通信学会、智慧城市论坛《智慧城市技术白皮书》，2012年。

能源发展规划是依据一定时期的国民经济和社会发展规划，预测相应的能源需求，从而对能源的结构、开发、生产、转换、使用和分配等各个环节做出的统筹安排。能源发展规划不能脱离相应时期的国民经济和社会发展规划，能源是国民经济和社会发展的重要物质基础，三者的发展必须保持合理的关系与恰当的比例，能源发展既受国民经济和社会发展的影响，同时又促进或制约其发展。

通常情况下，能源发展规划主要围绕两大目标来制定：一是确保能源安全，提出战略目标及相应的保障措施；二是推进可持续发展这一世界各国都关注的主题。围绕两大目标，各国借助先进的方法和技术展开了对未来的预测，其中最重要的是能源需求预测和能源供给预测。首先，从宏观国民经济发展规划出发，考虑可能的节能措施，采用科学分析与预测，计算出与国民经济和社会发展规划相适应的能源需求量；其次，以现有的能源探明储量与生产能力为基础，合理规划能源开发建设，预测未来的能源供给；再次，考虑能源需求及供给的规模、结构和区域分布等因素，综合分析与能源需求和供给预测相适应的可能性和各种规划方案，并提出与规划方案相适应的资金、物资、人力、技术等各种需求的数量；最后，经过多次循环形成与国民经济和社会发展相互匹配的、经济效益最佳的能源规划方案。

能源规划的主要内容包括：能源供需现状调查分析；能源需求预测，包括需求量与需求结构（部门结构、空间结构和品种结构）预测；能源供应方案的设计、评价与优化；方案检验与决策。在能源规划中，要正确处理能源与经济、能源与环境、局部与整体、近期与远期、需求与可能的关系，统筹兼顾，合理布置，保证各种能源数量、构成和能源建设有秩序、有步骤地同国民经济和社会发展相协调适应。

美国能源安全未来蓝图

2011年3月30日，美国政府发布《能源安全未来蓝图》，全面勾画了美国国家能源政策。同日，该国总统奥巴马在位于华盛顿特区的乔治敦大学发表演讲，提出实现能源目标的具体措施，并要求在2025年之前将美国的进口石油量削减三分之一。

《能源安全未来蓝图》提出确保美国未来能源供应和安全的三大战略：开发和保证美国的能源供应；为消费者提供降低成本和节约能源的选择方

式；以创新方法实现清洁能源未来。

在提高能源效率的同时，减少浪费也是一个重要问题。在美国，住宅和商业建筑消耗了40%的能源，政府提出新项目帮助人们用新型节能建筑材料，如新灯具、新窗户、新加热和冷却系统等，更新住宅和商业建筑。奥巴马称："在能源效率上的一个好消息是，我们已经拥有这样的技术，所需要的是采取激励措施，帮助商人和用户安装使用这些节能材料。"

《能源安全未来蓝图》要求以创新方式走向能源未来："在清洁能源领域成为世界领袖是强化美国经济、赢得未来的关键。为了实现这个目标，要为已有的创新技术营建市场、资助开发下一代技术的前沿基础研究。当更新、更好、更高效率的技术冲击市场时，联邦政府需要将言语化为行动，发挥榜样作用。"

13.2　促进高效的产业组织

产业组织，是指同一产业内企业间的组织形式及市场关系，包括市场中企业的分类、结构、规模的分布状况及市场中的垄断与竞争程度等。产业组织是产业遵循产业成长规律、产业价值规律，在成长过程、价值创造与实现过程中进行资源配置的组织载体。良好的产业组织对能源产业的长期发展至关重要，尤其是正在高速发展、关乎能源未来的新型能源产业。

一般情况下，产业组织往往存在发展规模经济和维护竞争活力的两重性，一般认为大企业有利于创新的开展，因为其具有资金筹措、人才及风险分散方面的优势。因此，最有利于创新的产业组织是一种适度垄断和竞争的结合。为促使能源产业组织更加高效，各国政府通过各种政策积极调节市场交换关系、竞争和垄断关系、市场占有关系和资源占用关系等等，调整能源产业结构、产业布局和产业规模，规范企业、社会组织和消费者之间的关系，使之始终处于良性的有合作的竞争、有效率的规模。

许多国家为了提高能源产业组织的运营效率和管理水平、降低运营成本，都在放松对产业的管制，进行体制改革，大多进行商业化、私有化、重组（拆分）和引入竞争机制，其中以普遍高度国有化和垄断的电力行业最具代表性：将商业化的管理和运营模式引入到国有的电力公司，给予其一定的自行定价权限，但要按照会计的方法对发电、输电和配电的服务进行单独征税，独立核算、自负盈亏。私有化则是通过将电力公司私有化或允许私人投资发电、输电和配电业务，

117

第四篇　永续动力：我们追寻的梦想

然而私有化的电力公司也依然能够获得垄断特权，仍然会对产业组织的效率造成阻碍。重组就是按照功能的不同，把电力部门垂直地拆分为具有独立法人的发电、输电、配电和售电公司，进行结构重组。在输配电领域通常具有自然垄断属性，但是在发电和售电领域则可以引入竞争机制，建立发电和售电市场。电力零售的竞争模式有多种，一种模式是允许众多的发电企业可以拥有自己的配电网，直接在当地销售电力；另一种模式是让电力销售独立出来，不允许他们拥有发电设备，使之从发电企业购电再出售给终端用户，但他们同时拥有配电和销售的功能。❶

各国还在制定并不断完善保障能源产业发展的相关法律，制定鼓励能源产业发展的相关政策；构建社会化的能源产业发展体系；积极发挥能源产业中社会中介服务组织和行业组织的作用，如行业协会、企业联盟、社团和消费者团体等；调整产业布局和规模结构，充分发挥产业聚集效应和规模效应，如调整产业空间布局，促成产业合并重组或建立综合产业园、生态工业园等；建立能源产业技术研发体系，为产业发展提供技术支撑，如美国为促进再生资源产业的发展，对产业技术的研究与开发进行了大量的资金投入，并注意根据国内外产业发展的变化及时调整国家政策与产业战略，保证了产业组织的发展与活力。

全球电力市场化改革浪潮 🔍

电力工业具有网络性、公共性等技术经济特性，过去一直被视为自然垄断行业，实行垂直一体化垄断经营。20世纪80年代初，发达国家经济增长放缓导致能源投资减少，发展中国家经济发展带动电力需求快速增长，随着电力科技不断进步和对电力产业特性认识的逐步深入，为刺激能源投资、解决体制效率问题，世界大多数国家都启动了电力市场化改革，经过30年来改革探索，各国电力体制发生了很大变化。

英国：电力市场化改革的先行者。1988年2月，英国发表《电力市场民营化》白皮书，拉开了电力市场化改革的序幕，其核心是实行私有化和在电力市场引入竞争。由于引入竞争，以及成本低的天然气发电比重由1%提高到22%等因素，居民用户电价下降28%；中型工业用户电价下降约31%。当不少国家纷纷效仿之时，英国又实行了新的电力交易规则，促进发电和售电整合，允许供电公司之间相互兼并实现规模效益。

---

❶ 参见林伯强、黄光晓著《能源金融》，清华大学出版社，2011年。

法国：反对破碎化以实现规模经济。在欧盟指令的推动下，法国制定并实施了《关于电力公共服务事业发展和革新的法律》，明确公共服务使命及其资金来源，设立公共服务基金；确立供电市场开放时间表和有选择权用户；建立生产许可证制度；设立电力监管委员会，经费由财政负担；允许对有选择权用户提供供热、供气等其他经营服务。法国主张纵向整合，实现规模经济，反对破碎化，没有将法国电力公司拆分，但将其发、输、配业务实现功能分离和财务分开。

欧盟：倡导建设统一电力市场。1996年12月，欧盟通过关于放宽电力市场的指令：有选择权用户可自由选择供电商，参与的欧盟及欧洲经济区13个国家必须依据时间表开放供电市场；供电市场可采用第三方接入和单一买家等不同的业务模式；对于发电市场，欧洲国家可选择采用招标机制或许可证制度来监管新的发电容量。2000年，欧洲市场已开放了80%，远远超过规定的30%。欧盟指令使许多公司区分发电、输电和配电业务成立不同的法人实体，消除了欧盟内部贸易的壁垒，竞争促进了价格的下降。

美国：两种方案两个结果。美国电力改革的核心是放松管制，引入竞争，提高效率，降低电价。1992年，美国能源政策法案出台，同意开放电力输送领域，并要求在电力批发市场引入竞争。1996年，联邦能源管制委员会要求开放电力批发市场，厂网分开只明确必须进行功能性分离，分开核算。美国的电力改革从加州开始，由于相信市场能解决一切问题，美国在放松电力管制过程中，出现了加州大停电和电价飞涨、电力公司申请破产保护这样的重大问题。然而，美国最大的东部PJM电网根据实际情况选择了纵向整合电力改革模式，获得了成功。

中国：打破垄断促进竞争。2002年以前，原国家电力公司控制着中国绝大多数发电和输电资产。电力体制改革后，该公司被拆分重组，发电资产被直接改组或重组为规模大致相当的5个全国性独立发电公司。电网环节分别设立了国家电网公司和中国南方电网公司，并成立了国家电力监管委员会（2013年3月与国家能源局合并，隶属国家发展和改革委员会）。尽管改革仍需深化，但成就令人瞩目，发电侧竞争格局初步形成，内部约束机制大幅改善，电力企业活力显著增强，电力供应能力大幅提高，不仅保持了电网安全稳定运行，也使中国电力工业发生了深刻变化。

13.3 不断完善的法律政策

健全的能源法律、法规和政策体系是保障能源安全最有力的支撑，世界各国都在抓紧建立和完善相关制度，制定财政、投资、价格、税收等各方面的激励机制，为新型能源的快速发展夯实基础、铺平道路。

日本从一个资源小国成长为新型能源大国，离不开完善的法律基础。该国于1997年制定了《促进新能源利用特别措施法》，大力促进发展风力、太阳能、地热、垃圾发电和燃料电池发电等新型能源与再生能源，并于1999年、2001年、2002年先后进行了完善与修改。中国也于2006年颁布实施了《中华人民共和国可再生能源法》，2008年又颁布实施了《中华人民共和国节约能源法》，其立法目的是推动节约能源，提高能源利用效率，保护和改善环境。

新型能源制度的建立属于国家能源安全的范畴，是国家行为和政府职责。虽然法律法规为能源的制度变革提供了强制力的保障，但是能源的开发利用属于资本密集技术，尤其是在初期往往需要巨大的投资，投资风险也大，还必须由政府制定各方面的经济支持政策，予以保障和扶持。即使是在技术和市场已经成熟的领域，政府的支持作用仍不容低估。

*财政激励机制。*日本政府每年拨款570多亿日元以保证新阳光计划的顺利实施，其中63.5%用于新型能源技术的开发。到2006年，日本太阳能技术在政府的扶持之下已经非常成熟、市场化程度很高，政府因此取消了对太阳能行业的补贴。此后，日本国内太阳能市场陷入停滞，太阳能电池生产商对科研项目投资的积极性锐减，日本夏普公司太阳能电池第一供应商的地位，也被德国Q-Cell公司取代。面对此形势，日本不得不于2009年宣布重启太阳能补贴政策。

*投资激励机制。*投资激励机制的主要目的是减少推广新技术的资金，从而有效减少投资者的风险，促进投资。日本为鼓励光伏发电系统，于1994年颁布资本赠与计划，不仅有效促进了其发展，也同时为水电、地热及其他新型能源相关技术的发展提供了支持。美国能源部为地热利用项目提供5亿美元的贷款担保，促进了私人企业开发利用地热。西班牙则利用优惠借款协议，由银行为相关计划担保现金流，鼓励支持风电行业的发展。

*价格激励机制。*价格激励机制中最常见的是强制购买制度，已被世界上多个国家采用。美国早在1978年就要求供电局购买符合"合格设施"条件的小型电厂和热电联产电厂生产的电力，还要求供电局支付"节约成本"，所谓"节约成本"

是指如果供电局自己发电，或通过其他途径购电所增加的成本。该激励机制效果明显，到20世纪80～90年代，美国开发的再生能源项目超过12000兆瓦。

税收激励机制。税收优惠政策能够降低新型能源开发的成本，促进投资决策。马来西亚政府在2008年预算中鼓励公司安装太阳能发电装置，已安装的将获得双倍的减税优惠。税收措施还可以用来解决能源进口依赖和环境污染等与能源生产和消费有关的外部性问题。荷兰和德国于20世纪90年代对能源消费终端征收环保税，荷兰对再生能源电力消费免征能源税，还利用对非可再生能源电力消费者缴纳的税收成立环保基金，以鼓励再生能源的研发。

美国支持新型能源的政策

面对日益严峻的能源形势和生态环境问题，美国逐步认识到传统工业化道路的不可持续性，较多运用税收政策、财政补贴政策以及配额政策大力扶持和发展新型能源。

投资补贴。早在20世纪80年代初期，美国对风电项目实行投资补贴政策，当时联邦与州政府的投资补贴合计可占总投资的50%以上，还专门设立了美国能源部能源基金、财政部再生能源基金及农业部美国农村能源基金，用于扶持新型能源发展。

配额制度。再生能源配额制是对电力公司的一种强制性政策。它规定电力公司必须向用户提供最小比例或数量的再生能源电力，并对不能满足政策要求的制定相应的惩罚措施。同时电力公司销售再生能源电力需要获得相应绿色证书，该证书可以在专门的绿色证书交易市场上出售，其价格由市场供求关系决定，这样就为再生能源电力生产企业增加了额外的收入，从而促进再生能源的发展。

税收政策。美国可再生能源税收政策相当完善，立法内容也很丰富，对于刺激企业、家庭和个人更多地使用节能、洁能的产品发挥了很好的作用。美国1978年《能源税收法》规定，购买太阳能发电和风力发电设备的房屋主人，其投资的30%可从当年需缴纳的所得税中抵扣；太阳能发电、风力发电和地热发电投资总额的25%可以从当年的联邦所得税中抵扣。

1992年，美国《能源政策法》规定了生产抵税和生产补助的政策。生产抵税是指风力发电和生物质能发电企业自投产之日起10年内，每生

第四篇　永续动力：我们追寻的梦想

1千瓦时的电量可享受从当年的个人或企业所得税中免缴1.9美分的待遇；生产补助是通过国会年度拨款给免税公共事业单位、地方政府和农村经营的可再生能源发电企业，即每生产1千瓦时的电量补助1.5美分；另外，该法还规定企业用太阳能发电和地热发电的投资可以永久享受10%的抵税优惠。

2005年美国又颁布了《能源税收法案》，其中一些措施对可再生能源的运用起到很大的促进作用，如：为鼓励公众使用太阳能，该法规定安装太阳能热水器的房主都可获得最多30%的减税待遇，美国联邦政府还拿出13亿美元鼓励私人住宅使用零污染的太阳能；另外，消费者购买新型燃料的汽车，可得到最多3400美元的减税待遇，高能效汽车及节能家用电器的生产都将得到政府的税收优惠。新能源法要求到2012年，美国每年使用乙醇作为汽油添加剂的数量增加到75亿加仑，比现有水平增加一倍以上。

2007年美国颁布的《能源促进和投资法案》提出了将对诸如风能和太阳能等可再生能源的生产税抵减期限延长至2013年，向清洁煤炭项目和二氧化碳存储提供数十亿美元的税收减免，并且显著增加对混合动力汽车和生物燃料生产的激励措施。

美国前总统小布什在2008年签署的7000亿美元金融救市方案中，有180亿美元的可再生能源税款的抵免方案，其主要内容是：延长风能生产商1年的生产税款抵免；在8年内将家用与商用的太阳能装置的投资税款抵免扩展为30%，该项计划预计耗资25亿美元；提出大量用于提高个人和企业能效的税收优惠方案；为采用高级碳埋存技术的企业提供新的税款抵免政策。

14 国际合作：为共赢而努力

14.1 危机催生合作

每当经历危机，人类往往遭受惨重损失，然后痛定思痛，将之前所有的合作障碍消除——各国不再在各自的利益上锱铢必较，相继做出让步，最终达成共识。国际能源与环境合作的产生也是如此，第一和第二次石油危机使各行其是的石油消费国遭受重创，开发使用能源所导致的温室效应和环境破坏也让全人类认识到了不断迫近的危险，并且还认识到仅凭一国之力难以应对。为了避免遭受难以挽回的打击，各国之间不得不携起手来，开始了能源与环境的合作。

国际环境合作主要由联合国推动。1972年6月，联合国在瑞典斯德哥尔摩召开了有史以来第一次人类与环境会议，讨论并通过了著名的《人类环境宣言》，从而揭开了全人类共同保护环境的序幕，环保运动由群众性活动上升到了政府行为。伴随着人们对公平（代际公平与代内公平）作为社会发展目标认识的加深，以及对一系列全球性环境问题达成共识，可持续发展思想随之形成。1983年11月，联合国成立了世界环境与发展委员会，该委员会于1987年在《我们共同的未来》中正式提出了可持续发展的模式。1992年联合国环境与发展大会通过《21世纪议程》和《联合国气候变化框架公约》，"公约"的主要目标是控制人为温室气体排放，使之不会干扰气候正常变化，对全球温室气体减排目标进行了量化。为了分配各自的减排责任，于1997年12月达成了有约束力的减排协议——《京都议定书》，规定工业化国家应该在2008~2012年间让其温室气体排放量在1990年的基础上减少5%。

2009年9月，中、美、日、法等约百名国家首脑及192个会员国代表出席联合国气候峰会，讨论如何应对全球气候变化问题，公布控制温室气体排放措施。3个月后，《联合国气候变化框架公约》缔约方在丹麦哥本哈根召开世界气候大会，商定《京都议定书》各国排放计划的落实情况及后续方案。

2011年11月1日，联合国秘书长潘基文向联合国大会宣布了"人人享有可持续能源"倡议，力争在2030年实现三大目标：确保全球普及现代能源服务，将提高能源利用效率的速度增加一倍，将全球使用能源中可再生能源的比例提高一倍。潘基文说，能源在经济发展中起着举足轻重的作用，但基于化石燃料的能源是导致气候变化的重要因素，也极大地影响了贫困人口。这三个目标将促进公平，振兴全球经济，并能帮助维持生态系统。他强调可持续能源将让所有人受益，阻碍可持续能源普及的原因在于政治意愿以及公共和私营部门缺乏资源。为调动发达国家、新兴经济体和发展中国家的积极性，潘基文宣布成立"人人享有可持续能源倡议高级别小组"，任命30多位来自商业、金融、政府和民间社会的知名人士为成员，制定到2030年实现倡议目标的具体行动纲领，掀起了新的国际可持续能源合作。

目前，国际能源合作的模式主要有两种。第一种是以国际组织为平台的多边合作，包括能源进口国之间的合作组织，如国际能源署；能源出口国之间的合作组织，如石油输出国组织；进口国与出口国之间的对话和合作机制，如国际能源会议、世界能源理事会、世界石油大会、世界能源宪章组织等，还有在国际组织的论坛或对话框架内的合作，如八国集团、联合国贸发会议、亚太经合组织、东盟等，这些国际组织内部都设有关于能源合作的对话机制工作组。第二种是政府之间的双边合作，包括能源出口国、能源进口国和过境运输国内部以及相互之间的合作。在国际组织之外，政府之间的多边合作相对较少。

当今主要的能源国际合作组织有：

国际能源署（International Energy Agency，IEA）。国际能源署是由27个成员国组成的政府间能源机构，隶属于经济合作和发展组织[1]，总部设于法国巴黎，致力于预防石油供给的异动，同时也提供国际石油市场及其他能源领域的统计情报。1973~1974年，受中东战争影响，西方主要石油进口国爆发了较为严重的石油供应危机，原油价格从每桶不到3美元暴涨到超过13美元，对各国经济发展造成了重大影响，也迫使其寻求解决之道。1974年11月18日，经济合作与发展组织当时24国中的16国举行工作会议，签署《国际能源计划协议》，并成立国际能源署（IEA）。[2]

石油输出国组织（Organization of Petroleum Exporting Countries，OPEC）。1960年9月14日，伊朗、伊拉克、科威特、沙特阿拉伯和委内瑞拉五国宣告成立石油输出国组织，其宗旨是为了协调各成员国石油政策，共同商定原油产量和价格，采取一致行动反对西方国家对产油国的剥削和掠夺，保护本国资源，维护应有利益。OPEC总部设在瑞士日内瓦，后迁至奥地利维也纳。OPEC除最初的5国外，新增了阿尔及利亚、利比亚、尼日利亚、卡塔尔、阿拉伯联合酋长国、安哥拉、厄瓜多尔等7国，共12个成员国，已经发展成为覆盖亚洲、非洲和拉丁美洲主要石油生产国的国际性石油组织，共占世界78%以上的石油蕴藏量，并占全球产油量的40%和出口量的一半。OPEC的产油稳定程度以及其作出的决定对国际油价具有相当大的影响力。

能源宪章组织。能源宪章组织是一个以《能源宪章条约》（前身为欧洲能源宪章）为核心的国际能源组织。1990年6月，在德国柏林召开的欧共体12国首脑会议上，荷兰前首相鲁德·鲁贝尔斯提出了建立欧洲能源共同体的建议和"欧

---

[1] 经济合作与发展组织（Organization for Economic Co-operation and Development, OECD），简称经合组织（OECD），是由30多个市场经济国家组成的政府间国际经济组织，旨在共同应对全球化带来的经济、社会和政府治理等方面的挑战，并把握全球化带来的机遇。

[2] 参见张国宝主编《中国能源发展报告》（2009），经济科学出版社，2009年。

洲能源宪章"的设想。1991年12月，欧共体各国代表签署了宣言——《欧洲能源宪章》。●

国际可再生能源机构（International Renewable Energy Agency，IRENA）。在全球变暖问题加剧、化石燃料面临枯竭以及可再生能源国际影响日益扩大的背景下，国际可再生能源机构应运而生。其主要职能是为成员国提供可再生能源政策咨询，推动可再生能源技术转让，支持可再生能源产业服务体系等机构能力建设，开展可再生能源人才培养，建立可再生能源发展信息平台和产业标准，形成国际化的可再生能源投融资机制。德国政府在2004年举行的第一次国际可再生能源大会上首次提出成立该机构的设想，并于2008年启动了组建工作，提出并讨论了机构宗旨、决策机制、资金方案等章程草案。2009年1月，IRENA在德国波恩举行成立大会，包括德国、丹麦和西班牙三个创始国在内的75个国家签署了机构章程，成为正式成员，中国、美国和日本等国以观察员身份出席会议。●

世界能源理事会（World Energy Council，WEC）。世界能源理事会是一个综合性的国际能源民间学术组织，其宗旨和任务是积极研究和帮助各国解决能源问题，促进世界能源在对各国有利的情况下得到可持续开发利用；研究潜在能源和各种能源的生产、运输及其利用方法问题，探讨能源消费同经济增长之间的关系；收集和交流能源或资源利用的数据资料。该组织于1924年7月11日在伦敦成立，原称"世界动力大会"，当时有24个国家参加。第二次世界大战期间中断活动，1950年恢复，1968年更名为世界能源会议，1990年1月改为现名。

政府间气候变化专门委员会（Intergovern mental Panel on Climate Change，IPCC）。政府间气候变化专门委员会是世界气象组织（WMO）和联合国环境规划署（UNEP）于1988年联合建立的政府间组织，其秘书处设在瑞士日内瓦WMO秘书处内，主要任务是对气候变化的科学认识、影响以及适应和减缓气候变化的可能对策进行评估。IPCC评估结论是国际社会共同采取应对气候变化行动的重要科学依据，在气候变化外交谈判和国际行动中具有举足轻重的地位，通过《联合国气候变化框架公约》和《京都议定书》发挥作用。IPCC目前共进行了四次评估，即1990年（FAR）、1995年（SAR）、2001年（TAR）和2007年（AR4），第五次评估报告（AR5）将于2014年完成。IPCC历次评估报告对人类活动引起的全球变暖可能性的结论在不断增强。

125

第四篇

永续动力：我们追寻的梦想

● 参见中国现代国际关系研究院经济安全研究中心编《全球能源大棋局》，时事出版社，2005年。
● 冯琦编制，新华社发，2006年10月4日。

联合国气候变化框架公约 🔍

《联合国气候变化框架公约》(简称《框架公约》,United Nations Framework Convention on Climate Change,UNFCCC)是1992年5月22日联合国政府间谈判委员会就气候变化问题达成的公约,于1992年6月4日在巴西里约热内卢举行的联合国环境发展大会(地球首脑会议)上通过。《联合国气候变化框架公约》是世界上第一个为全面控制二氧化碳等温室气体排放,以应对全球气候变暖给人类经济和社会带来不利影响的国际公约,也是国际社会在对付全球气候变化问题上进行国际合作的一个基本框架。

《框架公约》第二条规定:"本公约以及缔约方会议可能通过的任何相关法律文书的最终目标是:根据本公约的各项有关规定,将大气中温室气体的浓度稳定在防止气候系统受到危险的人为干扰的水平上。这一水平应当在足以使生态系统能够自然地适应气候变化、确保粮食生产免受威胁并使经济发展能够可持续地进行的时间范围内实现。"

《框架公约》缔约方自1995年起每年召开缔约方会议(Conferences of the Parties,COP)以评估应对气候变化的进展。1997年,《京都议定书》达成,使温室气体减排成为发达国家的法律义务。

《京都议定书》规定,到2012年,所有发达国家二氧化碳等6种温室气体的排放量要比1990年减少5.2%。各发达国家从2008年到2012年必须完成的具体削减目标是:与1990年相比,欧盟削减8%、美国削减7%、日本削减6%、加拿大削减6%、东欧各国削减5%~8%,新西兰、俄罗斯和乌克兰可将排放量稳定在1990年水平上。议定书同时允许爱尔兰、澳大利亚和挪威的排放量比1990年分别增加10%、8%和1%。2012年11月26日~12月7日,《联合国气候变化框架公约》第18次缔约方会议暨《京都议定书》第8次缔约方会议在卡塔尔多哈召开。大会最终就2013年起执行《京都议定书》第二承诺期达成了一致;第二承诺期以8年期限达成一致。大会还通过了有关长期气候资金、《框架公约》长期合作工作组成果、德班平台以及损失损害补偿机制等方面的多项决议,但加拿大、日本、新西兰及俄罗斯已明确不参加《京都议定书》第二承诺期。

14.2　众人拾柴火焰高

在三次石油危机中，西方国家自我中心主义的横行以及各自为政的态度，使它们遭受了巨大的损失，也让后人引以为戒：在能源领域，唯有大家向着共同的目标同心协力，才能使所有参与者的利益得到保障。国际能源署成立以后，大规模的国际能源合作逐步启动，石油输出国组织、独立石油输出国集团、八国集团、国际能源会议、世界能源理事会、欧盟、亚太经济合作组织、东盟、上海合作组织等诸多团体和组织也把国际能源合作的宗旨贯彻其中，通过集合各方的优势和能力维护能源的安全，达到互惠共赢，实现共同目标。经过不懈努力，国际能源合作体现的价值也越来越高。

促进能源合理开发，保障能源安全和稳定。以中国为例，可持续发展早已成为重要课题，而中国的能源消费总量却不断攀升，尤其是石油能源的大量消耗，已经为其能源安全带来巨大威胁。通过一定程度上的双边合作，与能源产出国建立"特殊"的合作关系来提高中国能源供给的安全系数，保障战略性资源的稳定供应，是非常必要的。在"双边纵向合作"的指引下，中国政府早已开始支持能源企业在全球范围内开拓市场。1993年中国石油天然气集团收购了泰国、加拿大和秘鲁的油田股份，拉开了油气合作的序幕，并与中国海洋石油总公司在东南亚和西亚多个地区进行整合，2009年更是获得了伊朗最大气田南帕斯、最大陆上油田南阿扎德甘的开发权。中国参与了世界70多个油气项目的开发，获油约5000万吨，占石油进口量的25%左右，天然气进口也在中亚、俄罗斯、缅甸等地区形成多元化供应格局。这些国际合作项目既使得当地的能源得到了合理开发，又使中国的能源供给得到有效补充，保障了能源的安全和稳定。

促进能源技术创新，提高能源利用效率。中国在过去相当长的时间里采用的都是粗放式的能源开发模式，技术装备落后，且开采效率较欧美发达国家低得多。具体来看，中国煤炭开采机械化程度为45%，远远落后于80% ~ 100%的世界先进水平；石油开采效率仅为20%左右，远远低于60%的国际平均水平；能源利用效率也一直较低，单位产值能耗是世界水平的2.3倍。相比较来看，欧盟各国在新型能源的开发利用上进行了大量投入，相关的产业化技术已经得到了很大发展，早在2007年初就提出了新能源政策，目标明确且身体力行，2008年金融危机爆发后更是加大了新型能源政策的支持力度。据欧盟商务部测算，中国清洁能源市场拥有巨大潜力，中欧双方在低碳新型能源的领域具有很强的互补性和非常广阔的合作空间，发展新型能源已经成为中欧能源合作的共识。在风能领域，欧盟

127

第四篇

永续动力：我们追寻的梦想

是世界风电制造的重要技术供应商，有西门子、维斯塔斯、安纳康等世界顶级的风电制造企业，且都已在中国以独资或合资的形式"安营扎寨"，提供了一系列关键技术和人员培训服务；在生物质能发电领域，全球领先的丹麦BWE公司也与中国开展了技术合作，为中国能源产业的发展提供了很大的技术支持。

降低全球温室气体排放，加快能源转型步伐。能源与气候变化、全球环境息息相关，并已成为人类生存的重大挑战，而世界能源格局也正处于振荡、调整、变革之中，能源与经贸、外交等问题交织在一起，更显得错综复杂。在这样的背景下，以合作加强环境保护、加快能源转型、促进可再生能源的发展显得尤为重要。以中国和丹麦为例，两国通过政府层次的双边合作，正着力于积极开发利用可再生能源，自2005年开始先后开发了中丹风能发展项目、中丹生物质能清洁发展机制项目和中丹可再生能源发展项目，取得了良好的经济和社会效益，促进了双方的能源转型，对全球可再生能源的发展和应对温室气体的排放、气候变化等问题做出了贡献，具有重要的示范效应。

多国合作围堵臭氧层漏洞

20世纪30年代，美国杜邦公司合成出一种名为氟利昂的物质，即氟氯烃（CFCs），由于其化学性质稳定，不可燃且无毒，被广泛的用作制冷剂、发泡剂和清洗剂，在当时被视为意义重大的发明。但到了20世纪70年代，当人们发现CFCs会破坏臭氧层后，它的传奇走向了终点。臭氧层犹如地球的一把保护伞，使地球上的动植物免遭短波紫外线的伤害。臭氧层遭到破坏，不仅会对人体造成巨大损害，还将影响整个生态平衡，威胁生命的生存。

于是，各国纷纷行动起来。1976年4月，联合国环境署理事会召开了一次"评价整个臭氧层"国际会议，1977年3月又在美国华盛顿召开了有32个国家参加的专家会议并通过了第一个"关于臭氧层行动的世界计划"。1981年，联合国环境署理事会建立了一个工作小组，其任务是筹备保护臭氧层的全球性公约。1982年，日本南极观测队发现南极上空臭氧层明显变薄，形成了"臭氧层空洞"，国际上保护臭氧层的呼声更加高涨，工作小组加紧了工作的进度。

经过4年的艰苦工作，《保护臭氧层维也纳公约》于1985年3月在奥地

臭氧层示意图 ►

25~30千米

臭氧层：臭氧分子相对富集的大气平流层

臭氧层的作用 ▼
吸收99%以上对人类有害的太阳紫外线

地 球 表 面

20世纪80年代 ► 科学家发现了南极上空的臭氧层空洞	
到1998年底 ► 空洞的面积达2720千米²	
空洞形成的原因 ▼	
专家认为主要是人类大量使用氯氟烃化学制品引起的	

臭氧层耗减的直接结果	过量紫外线辐射可导致
大气层中的臭氧含量每减少1%	农作物叶片受损，抑制其光合作用，改变细胞内的遗传基因和再生能力
地面受太阳紫外线的辐射量增加2%	会杀死水中的微生物，造成某些物种灭绝
人类患皮肤癌的患者增加5%～7%	

↑ 南极上空臭氧损耗严重❶

利首都维也纳通过，并于1988年9月起生效。在该公约的基础上，《关于消耗臭氧层物质的蒙特利尔议定书》于1987年9月16日在加拿大的蒙特利尔会议上通过，并于1989年1月1日起生效。该议定书规定，参与条约的每个成员组织（国家或国家集团）将冻结并依照缩减时间表来减少5种氟利昂与3种溴代物的生产和消耗。

　　2009年9月16日，东帝汶宣布加入《蒙特利尔议定书》，使其成为联合国历史上第一个被所有主权国家批准生效的条约，充分表明了全世界保护臭氧层的决心。联合国秘书长潘基文在2011年第17个"国际保护臭氧层日"上致辞称："《蒙特利尔议定书》通过24年来，各缔约方已为保护全球气候系统做出了重大贡献，如今又同意加快淘汰含氢氯氟烃的步伐，功在千秋。"据预测，在世界各国的紧密合作和团结奋斗下，臭氧层空洞将在2050年后完全消失。

---

❶ 冯琦编制，新华社发，2006年10月4日。

14.3　机制初显成效

当前国际经济环境不确定因素和潜在风险增加，国际竞争更加激烈，石油等初级能源产品的价格一直高位运行，一些国际政治因素对世界经济的影响已经远远超出一国的能力控制范围，在这种国际形势下，充分利用国内外有限的资源、深化国际双边和多边能源合作以实现互惠共赢，已经成为目前全世界的共识。世界各国迫切需要国际能源合作又心存忧虑：一是合作利益的分配，今天的合作伙伴可能成为明天的敌人或企图压迫本国的对手，因此各国不仅关注"合作后利益是否高于合作前利益"，更关注"谁在合作中得到更多利益"；二是国家之间的合作缺乏保证，存在违约的风险。

虽然这些使得国家间的能源合作并不稳定，但是加强合作又势在必行，于是需要多种手段加以协调，以保障共同的能源安全：

加强国家间信息共享，建立互信机制。虽然存在对能源的共同利益与合作动机，国家之间仍需要通过进行多层面的交流活动以及建立高质量的信息共享，以促进相互了解和建立相互信任，并形成有效的相互监督渠道和成本收益的分配模式。在确定的能源合作领域，各国之间可以举行高层论坛、开展共同研究、建立信息共享机制，以加深彼此之间对能源基本状况、政策倾向意图、合作理念目标的了解。

设立国际能源合作的正式制度。国际制度对于维持国际能源合作有着重要意义，主要能够通过三方面化解各国的担忧，加强合作的稳定性：一是形成共同预期，赋予行动合法性，使背离的"名誉"成本升高；二是提供信息交换平台，降低合作的交易成本，便于对背离进行监督，增加了背离的难度；三是强化互惠共赢，使互惠制度化，对背离者的惩罚更加容易。

上合组织推动地区能源合作 🔍

2006年6月，在中国上海举行的上海合作组织❶峰会上，哈萨克斯坦提出制定"亚洲能源战略"设想，俄罗斯则正式提出在上合组织框架内建立"能源俱乐部"的建议，目的是协调各成员国的能源开采和运输方案，使其成为兼顾石油和天然气出口国和进口国利益的典范。

---

❶ 上海合作组织（简称上合组织，The Shanghai Cooperation Organisation，SCO）的组成国有中国、俄罗斯、哈萨克斯坦、吉尔吉斯斯坦、塔吉克斯坦和乌兹别克斯坦等六国。

2006年9月15日，上海合作组织在塔吉克斯坦首都杜尚别举行的政府首脑会议期间，各国总理要求上海合作组织能源工作组研究成立本组织能源俱乐部。2007年6月29日，在莫斯科召开的上海合作组织能源部长会议上，五个成员国的代表一致同意建立能源俱乐部，并原则上就该机构基本章程达成一致，将能源俱乐部的前景定位于"形成地区统一能源空间"。

上海合作组织能源合作将分为三步：第一步是建立一个协调机构，目的是促进各成员国在能源和经济方面的联系，包括促进该组织《多边经贸合作纲要》等重要文件的落实；第二步是开展项目合作，通过搭建起来的合作平台，对成员国现有的能源产业进行现代化改造、发展能源运输基础设施、共同勘探和开发新的油气田、为相互进入电力市场和输送创造条件、共同开发节能技术、培养能源领域的专业管理技术人才等；第三步是协调或统一能源政策，在成功解决策略性和技术性问题的前提下，推动经济政策和法律规范建设，如放开能源价格、统一能源运输费用、制定统一的税收体系、消除恶性竞争等。❶

15 谨慎乐观：希望中还有失望

15.1 技术总有瓶颈

能源消费快速增长、能源短缺、气候环境恶化等问题对能源技术的开发和利用提出了更高的要求。尽管能源技术——无论是传统能源的技术改进还是新型能源的技术探索都取得了很大进展，但从现实情况来看，都尚不能满足现实和潜在的要求，都不同程度地受困于技术瓶颈。

传统能源技术。工业革命一百多年来，传统能源技术取得了极大突破，但并不表明传统能源技术可以高枕无忧，无论安全装置多么有效，事故都不可避免地一再发生。以电力为例，电网联系起电厂，再把电能输送到终端用户，只要某一细节出现故障或者失灵，就有可能导致如2006年11月欧洲大停电类似的严重事故。该事故的原因有两方面：一是欧洲的寒冷天气导致用电需求增加；二是为了让一艘运输船穿越河道而关闭了输电线路，给整个电网的正常运行带来压力。❷

❶ 参见张宁著《中亚能源与大国博弈》，长春出版社，2009年。

❷ 参见菲尔·奥基夫等著《能源的未来——低碳转型路线图》，石油工业出版社，2011年。

太阳能技术。太阳能是清洁无污染的，但其设备制造并非完全绿色。如太阳能电池的重要原料多晶硅的生产过程中会形成副产品四氯化硅，属于危险的酸性腐蚀品，对眼睛和呼吸道会产生强烈刺激，皮肤接触后可引起组织坏死。如果生产过程中的回收工艺不成熟，这些含氯有害物质极有可能外溢，存在重大的安全和污染隐患。大范围利用太阳能后，城市中的光伏电池表面玻璃和太阳能热水器在阳光下反射强光，会形成光污染。长时间在白色光亮污染环境下工作和生活的人，视网膜和虹膜都会受到不同程度的损害，视力急剧下降，白内障发病率高达45%，并且会出现头昏心烦，甚至发生失眠、食欲下降、情绪低落、身体乏力等类似神经衰弱的症状。

水力发电技术。水力发电受到破坏生态平衡的指责：利用江河的水力筑坝发电，必然意味着水坝库区的淹没，进而导致天然森林、草地、野生动植物栖息地的丧失、物种数量的减少和上游集水区的环境退化，同时阻隔了生物通道，造成洄游鱼类的灭绝，破坏了水生动植物多样性。美国于2011年启动了有史以来最大的大坝拆除项目，华盛顿州内两座百年水利发电水坝将被拆掉，以消除对艾尔华河三文鱼洄游产卵的阻碍。

风力发电技术。风力发电对附近居民的健康会造成影响。在日本富士山的故乡静冈县，居住在风电厂附近的部分居民出现了肩膀僵硬、头痛、失眠、手抖等症状，而当风力涡轮机由于机械故障或其他原因停转时，他们的症状会有所减轻。此类不适和风力涡轮机之间的关系尚未明确，但风力涡轮机产生的次声波很可能是罪魁祸首，这种次声波每秒振动1～20次，由于频率太低，人耳无法听到。目前，类似投诉在日本其他地区也有报道，有专家称次声波噪声会损害人类健康，如不立即采取措施，将出现严重问题。风力发电对鸟类也构成了威胁，常导致鸟类撞死在涡轮机旋转的叶片上。日本环境省证实，从2003年至今，有13只罕见的白尾雕因此而被夺去生命，而这仅仅是鸟类受到涡轮机叶片伤害的冰山一角。

氢能技术。供氢是目前氢能汽车发展面临的最大问题。现有技术将金属的氢化物作为储存氢的材料，将发动机冷却水和尾气的余热用来释放氢气。虽然氢气混合动力汽车已经在公共汽车、邮政车和小轿车上获得了成功，但全燃氢汽车目前的条件还不够成熟，氢的制取还有待突破。

可燃冰技术。可燃冰开采难以消除对环境的不利影响：一是加剧温室效应，甲烷是仅次于二氧化碳的强温室气体，而在全球可燃冰中蕴含的甲烷量约是大气圈中的3000倍，如果在开采中不能有效加以控制，可燃冰分解产生的甲烷会明显加速全球变暖进程；二是破坏海洋环境，进入海水中的甲烷会发生较快的氧化作用，影响海水的化学性质，消耗海水中的大量氧气而形成缺氧环境，给海洋微生物的生长发育带来危害，还可能造成海水汽化和海啸；三是造成海底滑塌。可燃冰开采过程中还会分解产生大量的水，释放岩层孔隙空间，使可燃冰赋存区地层的固结性变差而引发地质灾变，可能导致海底滑塌事件，钻井过程中如果引起可燃冰大量分解，还可能导致钻井变形而加大海上钻井平台的风险。

碳捕捉技术。碳捕捉又称碳捕获，也称碳捕捉和封存，是指捕捉释放到大气中的二氧化碳并在压缩后封存到枯竭的油田和天然气领域或者其他安全的地下场所。该技术能够有效减少燃烧化石燃料产生的温室气体，在技术上也并不难实现：二氧化碳和胺类物质能够发生反应，二者在低温下结合，在高温下分离，因而可以使电厂废气在排放前通过胺液以分离出废气中的二氧化碳，之后再加热胺液就可以释放出二氧化碳。但是，碳捕捉的广泛运用还存在技术和经济上的障碍：首先，在化石燃料和能源生产的过程中捕捉二氧化碳的费用极其昂贵。美国麻省理工学院的一项研究提出其成本高达约30美元/吨；其次，埋藏地点必须经过检验，否则一旦有地震或其他地质变动，就有可能将巨大的温室气体重新释放到大气中。

日本福岛核电站事故 🔍

2011年3月11日，日本宫城县东方外海发生了9.0级地震并引起海啸，导致了福岛第一核电厂一系列设备损毁、堆芯熔毁、辐射释放等灾害事件，成为自1986年切尔诺贝利事故以来最严重的核事故。

↑ 2011年3月11日卫星拍摄的地震后福岛第一核电厂

第四篇 永续动力：我们追寻的梦想

福岛核电厂内共有6个沸水反应炉机组，由通用电气公司负责研发设计，东京电力公司负责管理运作。大地震发生时，4、5、6号机组为准备定期检查正处于停机状态，1、2、3号机组侦测到地震后也立刻进入自动停机程序，因此厂内发电功能停止，机组与电力网的连接也遭受到大规模损毁，只能依赖紧急柴油发电机驱动电子系统与冷却系统。但是，随即而来的大海啸又损毁了紧急柴油发电机，冷却系统因此停止运作，反应炉开始过热。在之后的几个小时到几天内，1、2、3号反应炉堆芯熔毁，员工们努力设法使反应炉冷却，但收效甚微，而此时又发生了几起氢气爆炸事件。

3月12日，日本内阁官房长官枝野幸男发布紧急避难指示，要求福岛核电站周边10千米内的居民立刻疏散。此范围内的居民都被迅速疏散，规模约45000人，其后疏散半径又扩展至20千米。

4月12日，日本原子力安全保安院将本次事故升级至国际核事件分级表中最高的第七级，是切尔诺贝利事件后第二个被评为第七级的事故。事故中大量放射性物质也被释入土地与大海，日本政府在离核电厂30～50千米的区域检测出过高浓度的放射性铯，令人万分担忧。由于与民众联络沟通不良并且未能有效地管理紧急事故，日本政府与东京电力公司饱受外国舆论批评。

15.2 制度还有缺陷

除技术外，能源制度也并非尽善尽美。从某种意义上讲，能源制度——无论是国内制度还是国际合作制度，都比能源技术更为复杂，因为能源制度涉及众多的利益主体，它的调整就是能源利益、经济利益甚至政治利益的调整，其过程又非常漫长。1993年诺贝尔经济学奖得主诺思有一个著名的"路径依赖"理论：在社会经济制度运行过程中，一旦人们做了某种社会选择，就好比走上了一条不归之路，惯性的力量会使这一选择不断自我强化，并让你难以轻易走出去。受"路径依赖"影响，利益受阻方会不习惯新的制度变革或者创新，甚至千方百计地加以反对，使之受阻，能源制度创新的效果因此大打折扣。

国内能源制度的缺陷。长期以来，能源产业过度依赖能源政策，运行机制不顺，管理体制不畅，相关政策有待完善。

一是过度依赖能源政策，以新型能源补贴政策最为明显。例如，欧洲对太阳能的支持力度最大，但继2008年西班牙等主导国家大幅削减补贴后，作为全球第一和第二太阳能市场的德国与意大利也相继做出了补贴额度限制等激励削减计划，太阳能市场正经历阵痛，而南非也在2011年3月调整了风电激励政策，这些都给新型能源产业的发展前景增加了不定性。

二是运行机制不尽合理，以发展中国家和转型国家最为典型。例如中国的能源价格形成机制长期不合理，市场在能源供求中的作用没有得到充分发挥。中国长期实行的是低价能源政策，当国际能源价格特别是原油价格上涨、能源生产企业出现亏损时往往由政府对其进行补贴，而煤炭价格上涨时、电力企业出现亏损时也往往是由政府为其买单。这种机制虽然有利于稳定价格，但由于能源价格不能反映供求关系，导致资源配置低效或者无效，客观上刺激了某些高耗能产业过度发展，最终形成了产能过剩的格局。

三是管理体制不够畅通，在发展中国家中最为明显。如中国新型能源与再生能源的工作长期以来分散在多个部门，政出多门导致各级管理部门协调性差，造成管理混乱。在发展再生能源中所采取的一系列方法和程序过于复杂，为项目的开发设置了过多的障碍，限制了开发商和投资者进入市场。❶

四是能源政策有待完善，以资源税费为典型代表。如中国资源税的问题主要表现为：从量定额计税方式导致收入增长缓慢；资源税费关系混淆，征收不规范；资源收益分配不合理。由于资源税费政策滞后，资源过度开采，造成了严重的生态和环境污染问题。

国际能源合作制度的缺陷。由众多的国际能源合作组织共同建立和维系的国际能源合作制度，在能源安全、能源生产、能源消费和能源价格等方面发挥了积极作用，但其局限性也比较明显。

国际能源署的作用依然重要，但已很难找到自己的声音，石油输出国组织的职能也仅限于服务石油生产国。IEA和OPEC之间旨在促进石油市场透明度的对话仍在持续，但迄今无实质进展。

世界能源宪章组织在能源市场上也无实质影响，尽管它力图整合东欧和西欧的能源系统，但俄罗斯这一欧洲重要的能源供应方认为服从西方机构监督的规定毫无意义，这使得《世界能源宪章》本身几乎作废。

《联合国气候变化框架公约》犹如一纸空文。在2009年12月的哥本哈根首脑会议上，涉及气候变化的协定包括《联合国气候变化框架公约》等，仅仅只是被

❶ 参见王革华主编《新能源概论》，化学工业出版社，2006年。

作为提案而已。在过去10多年里，八国集团几乎每年都要讲气候和能源问题，但往往难有实际动作。2009年10月，20国集团在伦敦召开的特别论坛为限制温室气体排放的努力也未见成效，其后的历次相关会议，也未见实际效果。

谨慎看待清洁发展机制 🔍

清洁发展机制（Clean Development Mechanism，CDM），是《京都议定书》中引入的灵活履约机制之一，核心内容是允许发达国家实施有利于发展中国家可持续发展的减排项目，从而减少温室气体排放量，以履行发达国家在《京都议定书》中所承诺的限排或减排义务。

然而，在发展中国家的项目中，由CDM产生的假定"减排"信用额，有三分之二并未真正减少污染。那些由CDM实现的减排通常代价高得惊人：通过国际基金，而不是通过CDM貌似有效的市场机制减排，可以节省数十亿美元。而且，如果一个中国矿场在CDM下减少甲烷排放，对全球气候并没有好处，因为购买补偿的污染者避开了减少其自身排放的责任。

一个CDM信用额就是一个核证减排量，代表有1吨的二氧化碳没有排放到空气中。工业化国家政府购买并使用核证减排量，向联合国证明他们尽到了《京都议定书》规定的"减"排义务。公司也可以购买核证减排量，以遵守国家级的法律或遵守欧盟的排放贸易计划(ETS)。据估计，签署《京都议定书》的主要发达国家的减排义务有三分之二可以通过购买补偿来履行义务，而不是让他们的经济脱碳。

很多人曾希望CDM将促进再生能源的发展和提高能效。然而，如果在建的所有项目获得了直至2012年的核证减排量，非水方面的再生能源将吸引仅16%的CDM资金，需求方的能效项目仅为1%。只有16个太阳能项目——不到在建项目的0.5%——已申请CDM的核准。

CDM为发达国家在发展中国家进行减排投资行动提供了机会。在此机制下，发达国家要拿出一部分收益用于推进项目所在国的可持续发展。但有批评认为，CDM很多项目既没有解决工业化国家温室气体减排所面临的真正问题，也没有推进项目所在国的可持续发展，因为CDM项目体

---

❶ 八国集团（Group 8，简称G8），指的是八大工业国美国、英国、法国、德国、意大利、加拿大、日本、俄罗斯的经济合作机制，后发展为20国集团（G20）。

现了发达国家对洁净煤等低成本项目的追求，而发达国家认为发展中国家的再生能源项目投资成本大，回报率不高，因而兴趣不大。

  CDM 也不利于推进能源效率和交通工具效率的提高，而这两项对于发展中国家的节能减排和可持续发展至关重要。世界银行估计，全球能源效率的提高空间很大，但全球有限的能源效率改进项目未能充分体现节能减排的意义。世界银行还认为，CDM项目目前还未有效证明其本该具有的推进世界可持续发展的潜力。❶越来越多的证据表明，CDM正因为利益驱动而在促进可持续发展的幌子下增加温室气体排放。❷

第四篇

永续动力：我们追寻的梦想

❶ 参见菲尔·奥基夫等著《能源的未来 低碳转型路线图》，石油工业出版社，2011年。

❷ 改编自帕特里克·麦卡利《清洁发展机制不足取》，英国卫报新闻传媒有限公司，2008年。

第五篇
智慧能源：我们未来的曙光

　　回顾人类文明发展历程，能源形式不断改进和更替，其所包含的人类智慧不断提升。为适应向生态文明转型的要求，一枝因时而生的奇葩——智慧能源，犹如一缕喷薄欲出的曙光，走上文明的前沿舞台，指明未来能源形式改进和更替的方向。作为清洁、高效、持续的新型能源形式，智慧能源必将缓解能源的现实压力，推动生态文明的顺利转型，焕发未来文明的发展活力。

16 文明演进：能源驱动的主线

16.1 文明形态的演进

"文明"（civilization）一词起源于近代欧洲，最初用来形容人的行为方式，那些有教养、有礼貌、开化的人被称为文明人。后来，文明逐渐从指称个人的行为过渡到指称具有社会意义的行为，用来描述社会进步的过程和程度，反映人类社会演进的状态和发展趋向，与野蛮相对应。

人类在漫长的历史演变中，经历了远古的采猎文明、古代的农耕文明、近代的工业文明以及现代的信息文明这四个发展阶段，未来的文明应该是以智慧能源的广泛应用为标志的生态文明。

发展阶段	时间	能源利用进步标志	主要能源形式
采猎文明	约300万年前～1.2万年前	使用火	柴薪
农耕文明	约1.2万年前～公元1500年	役使牲畜、使用风车与水车	畜力、风力、水力
工业文明	公元1500年～公元1945年	使用蒸汽机与内燃机	煤炭
信息文明	公元1945年至今	使用发电机	电力、石油、煤炭、天然气
生态文明	未来	广泛使用智慧能源	智慧能源

↑不同人类文明形态及其能源利用形式

采猎文明的时间跨度最长，有约300万年，社会生产力水平也最为低下，人类直接从大自然中获取天然的生活资料——采集自然生长的植物果实并狩猎自然生存的动物。在此时期，我们的祖先还学会了利用粗糙的石器来提高采猎效率；发明了制火技术以扩大食物来源、丰富食物营养、扩大地域范围；发明弓箭等技术工具以提高防御能力，充实生活资料。总体说来，人类在采猎文明时期物质极度匮乏，几乎完全靠天吃饭，精神文化也刚刚起步。

随着生活资料的充实，定居逐渐成为人类的主流生活方式，人口逐渐从采猎转而集中于农业，主要通过人力、畜力、风力和水力等自然工具获取生产资料，农业成为社会发展的主要动力，我们由此进入长达5000多年（也有人认为长达1万年左右）的农耕文明。由于受到土地资源等生产力发展水平的制约，此时期物质财富增长比较缓慢，但人口迁移的规模和范围远远超过采猎文明，社会分工逐步细化，文化、艺术、政治逐步固化，城邦、阶级以及国家开始出现。在社会规模的扩大和物质文明进步的过程中，出现了人性异化的社会形态，于是形成了奴隶制度。后来，人类的思想开始得到启蒙，理性精神得到了发扬，人性得到了解放，导致奴隶制度逐步瓦解，封建社会逐步形成并占据主导地位。除了统治阶级外，人们基本上能够平等共处，在经济上也有了独立性和合法性。然而，因为存在着统治阶级，这种社会体制仍然是不平等的社会性质。宗教思想依然是这时人类的主导意识，世界三大宗教（佛教、伊斯兰教、基督教）在各区域文明的思想意识中起着十分重要的作用。总的来看，在这一时期，物质财富相对充足，但对自然的依赖较大；文化艺术发展较快，但其过度发展反而在一定程度上阻碍了经济的发展和社会的进步；人性得到一定的解放，但政治不平等依然突出。

在农耕文明晚期，商业和手工业得以发展，市场逐步扩大，工商业逐步取代农业成为社会主流，以蒸汽机的使用为标志，我们正式迈入工业文明。生产力的发展和医疗卫生条件的改善，使得人口增加速度大大加快，并由农村转移到城市。城市的数量及其人口增多，使得城市成为经济、金融、政治、文化、教育的中心，担当工业文明发展的"火车头"。同时，经济社会快速发展使我们经历了前所未有的变化。

工业文明把人类物质财富扩张到了极致，人性解放、自由平等观念深入人心，但也带来了诸多问题，如战争频发、环境污染和道德沦丧等，极有可能将人类文明引向深渊。因此其后的文明形态面临着两个基本问题：一是将现有工业文明推向深入，二是避免重走工业文明时期的老路。第一个问题的核心是如何寻找新的经济增长点，工业文明带来人才、资金、技术、商品以及各种经济要素的快速流动，各种信息纷繁复杂，如何创造、传播、储存、利用、重组、再造信息资源，是亟待解决的问题。第二个问题的核心是如何避免经济增长过程中资源能源的过度消耗与环境破坏对人类自身的伤害。

在上述两个问题的共同驱动下，我们开始大力发展以计算机为代表的信息技术，以及先进的通信、微电子、光电、新材料、传感、超导等新型技术，它们的广泛应用标志着人类踏进了崭新的信息文明时期。不同地区、国家、民族的经济社会发展程度差异很大，有的已经进入信息文明时期，有的正在进入，有的还处于传统的工业文明甚至农业文明的水平，因而信息文明与工业文明的分界点难以

第五篇　智慧能源：我们未来的曙光

准确界定。此外，人们对信息文明的称呼也不尽相同，有的称之为"后工业时代"，有的称之为"第三次浪潮"，也有的称之为"知识经济"或"低碳经济"等等。但无论如何，信息文明所涵盖的内容基本相同，即是以科技、知识、文化、政治、社会等多种社会文明为主导的文明形态。有的学者将信息文明进一步细分为计算机革命时期、信息化革命时期和有机化革命时期❶。我们可以深刻体会到，信息文明与工业文明相比更加智能化、清洁化、低碳化和高效化，更能体现人类物质文明和精神文明的全面发展。

如前所述，在每一个文明形态中，相应的技术、政治、社会和文化的表现都不一样，但后一种文明形态都是前一种文明形态的延伸和进化。农耕文明要高于采猎文明，因为农耕文明时期运用了先进的生产和生活工具（如石器、金属工具和瓷器等）而得以繁荣。当然，农耕文明时期生产力水平仍然较低，社会分工结构简单，人与人之间仍然不平等，并且建立在此基础之上的上层建筑在文明后期阻碍着社会的进步和生产力水平的提高。工业文明解决了农耕文明的上述不足，生产力水平极大提高，物质财富极大增加，民主、自由和平等意识得到越来越多人的认同。然而，工业文明也留下一些副产品，如资源短缺、环境污染、气候破坏、国家和地区之间的纷争甚至是世界大战，在国家之间、地区之间、人与人之间和行业之间等多方面存在事实上的不平等（殖民地就是国家不平等的一个缩影）。现代信息文明和转型期的混合文明部分解决了上述问题，如网络的出现和应用降低了生产成本，使人们的生活更加便利、产品能耗不同程度地降低；网络等传媒手段的运用使得社会结构发生更大变化，在全球范围内兴起了民族独立运动，工业文明时期建立起来的殖民地土崩瓦解等。

尽管如此，现代信息文明仍然不能解决所有的资源、环境、能源、人口、社会乃至政治问题和矛盾，这些都将留待未来文明加以解决。这些问题的解决，恰恰就是未来文明高于现代信息文明的原因所在。虽然人们对于未来文明的认识还有分歧，但生态文明的发展方向越来越成为共识。未来生态文明将在以下方面优于现代信息文明：一是生态文明的工具手段进一步先进。生产工具是一种文明是否高于另外一种文明的标志，生态文明也不例外。生态文明汇集了所有现代信息文明的长处，并克服了其在技术手段等方面的局限性。例如，在现代，网络技术得到广泛应用，但网络节点有限，而生态文明则将互联网的广度和深度进一步延伸，网络信息化将更加深刻地改变人类活动，其他技术（如纳米技术、传感技术、光电技术、声电技术、

---

❶ 参见朱钟万《人类的未来》，辽宁科学技术出版社，2010年。

新材料技术等）也将发生深刻的变革。不仅如此，生态文明的物质基础可能发生变化，比无机物更为智能的有机物将越来越多地成为生态文明的物质基础。二是生态文明的制度安排更加合理。技术进步和资源的全球配置要求与之相应的制度作出变革。同样以网络为例，跨越国界的网络信息大大增加了透明度，使得民众的要求和呼声更加需要得到及时反应，由此导致社会组织架构和政治体系改变；又如，资源的全球配置将冲击地区（国家）的概念，制度将与资源的全球和区域配置相适应，经济和社会的各种制度（政策、体制和机制等）将发生相应的变革和优化。

各具特色的东西方文明

广义的文明是人类所创造的财富的总和；狭义的文明特指精神财富，如文学、艺术、教育、科学等，涵盖了人与人、人与社会、人与自然之间的关系等。文明形态是将人类推向更加幸福、美好、和谐的价值理念和行为规范。受历史文化、民族宗教、自然环境、地域分布等多种因素的影响，文明形态在不同地区具有很大差异。关于文明的分类，众说纷纭，各有千秋。从地域分布来看，大体可以分为东方文明和西方文明两大类。东方文明以人性的约束和规范为出发点，强调道德的引导作用；西方文明以人性的解放和自由为出发点，强调法律的强制作用。

东方文明，是指世界东方即整个亚洲和非洲北部的国家与地区的文明，其中以中华文明、印度文明和阿拉伯伊斯兰文明为重要代表。中华农耕文明，强调自给自足，拥有当时世界上最领先的科学文化、经济实力和收入水平；印度文明具有独特的价值观念和思想体系，在整个世界文明中占有重要的地位；阿拉伯伊斯兰文明既坚守纯洁的理念，又追求崇高的理想。总体而言，东方文明注重感悟修为，克欲克己，中庸内敛，过度顺应自然，主张静观其变。

西方文明起源于三面环水、土地贫瘠的古希腊和古罗马。由于贫富差别、内部斗争、自然灾害等原因，西方的古老文明逐步没落。几个世纪以后，文艺复兴揭开了近代西方历史的序幕，起源于西方的两次工业革命给整个世界带来了工业文明，巨大财富和对市场的需求急剧扩张。因为西方国家普遍面积狭小，无法满足工业文明的发展要求，所以西方文明逐渐形成了对外的开放性和扩张性。西方文明注重逻辑推理、实验发明、开放自

第五篇 智慧能源：我们未来的曙光

由，促进了技术飞跃式发展、财富快速积累、文化艺术复兴，使人民生活水平不断提高。近代以来，西方文明很大程度上影响甚至主导了工业革命以来的世界发展进程和国际秩序。但是它也带来一系列问题：个人私欲膨胀、奢靡堕落、崇尚"丛林法则"、滥用武力。

东西方文明各具特色，各有长短，都为人类进步做出了卓越贡献。随着信息、交通等技术的发展，崇山峻岭和浩瀚大海已无法阻隔东西方的交流和合作，东西方文明必将逐渐交融汇聚。然而，目前最大的障碍是我们的思维惯性和路径依赖，在我们的心灵之间树立起樊篱。未来新型文明不再是一个地区或民族所私有，也不是任何一个地区或民族充当文明英雄单独就能创造出来的。我们没有必要去争执东西方文明孰是孰非、孰强孰弱，我们应该放眼全球，形成共识，一道萃取各类文明的精华，共同消除分歧和冲突，创造出服务全人类的新型文明，指引人类不断消除贫穷、战乱、污染，一起通往更加幸福、和谐、绿色的美好未来。

16.2　能源形式的更替

我们利用能源的形式根据所蕴含的人类智慧程度，可以分为启智能源、小智能源、中智能源和大智能源，其对应的能源形式分别是柴薪燃料、"驯化"能源、化石能源与混合能源。

在采猎文明时期，我们从自然界获取食物，采集植物，狩猎动物，以获取生存必需的能量。后来，我们发现并利用了火，使柴薪、秸秆等天然生物质燃料成为主要的能源。

在农耕文明时期，除了继续利用火外，我们开始尝试"驯化"自然。畜力、风力、水力渐渐成为获得能源的重要方式，并帮助我们完成磨面、提水、纺纱和织布等简单的农业和手工业活动。现在看来，我们直接获取水力、风力等能源形式有着明显的缺陷：一是能源动力受自然条件和气候限制大，如果没有风和水，风车与水车"寸步难行"；二是能源获得渠道窄，主要是通过地表和地上两种渠道，地上能源是太阳能，地表能源则是太阳能经过光合作用而形成的能源，如柴薪等。对于地下能源，我们当时的视野还难以触及。尽管如此，低下的能源利用技术仍然与当时同样低下的劳动生产率相适应，生产技术水平的落后使得我们对能源的需求并不迫切，改进能源利用技术的动力不足。较低的能源技术和较低的能源需求相互适应，互为因果，支撑着文明缓慢前行。

受益于科学技术的进步，我们的活动范围逐渐从地表延伸到地下，发现了丰富的煤炭资源。煤炭燃烧后能释放出较高的热量，也适应生产的批量化、持续性需求，因而迅速成为主要的能源。18世纪蒸汽机的发明，标志着煤炭取代柴薪成为支撑工业文明运行的主体能源。到了19世纪，比蒸汽机热效率更高、体积更小、功率更大、更洁净的内燃机出现，我们随之进入了以燃油为主体燃料的时代。石油和天然气比煤炭燃烧值更高、污染更小，更符合工业社会的需要，因而得到大规模的推广和应用。

通过蒸汽机和内燃机产生的动力难以在较大的空间范围内随意传递，只能围绕一台动力机械进行小范围、小规模的生产。19世纪以来，电磁感应定律的发现为随后发电机、电动机，以及变压器、电站、低压电网和超高压电网等一系列技术装备的发明及广泛应用提供了条件，开启了第二次工业革命，迎来了电磁动力新时代。煤炭、石油、水力、风力等各种能源都可以转换成机械能、再转换为电能，然后将电能通过电网延伸到城市、乡村和山间，广泛地满足城乡生产生活所需。

借助以煤炭与燃油为燃料的蒸汽机和内燃机，我们由依赖人力、畜力、风力和水力转向依赖机器，人类手臂向外拓展；凭借电能的发现和应用，我们将各种机械能转化为电能，并将之运往远方，使得生产和生活的视野进一步开阔。随着两次工业革命的能源基础——化石能源的发现和利用，满足了工业文明对能源的巨大需求，但其储量有限，不可再生，终会枯竭，同时也造成了环境破坏、气候变化、安全事故等一系列严重问题。

未来发展的能源形势严峻，清洁高效的新型能源不可或缺。20世纪60年代以来，"能源革命"的呼声日渐高涨，开发包括新型能源和可再生能源等在内的能源成为能源形式更替与发展的新方向。

能源形式更替的线索 🔍

能源形式的改进是改善人类生存、更好地满足文明运行的需要；更替促进了人类发展、推动文明形态的演进。更替不可能突然发生，要以能源形式的改进为基础。无论是改进还是更替，都是人类的智慧成果的成功运用。回顾从火而始的漫长发展历程，我们可以发现几条能源形式改进和更替的重要线索。

从被动到主动。我们对能源的利用，最早是以"靠天吃饭"的方式被动获取，即采集植物和狩猎动物以获取它们本身含有的能量。后来，通过认识和利用火，包括引用自然火种和钻木取火，我们对能源的利用从被动逐渐转为有意识的主动利用。后来，随着技术的不断进步，能源视野逐渐主动转移到煤炭和石油，其后的核能、太阳能、风能、水能等新的能源形式亦是主动利用的实例。

从发现到发明。人类从用火山和闪电留下来的火种取火，到掌握钻木取火历经的时间数以万年。而从1820年，荷兰人汉斯·奥斯特[1]发现了电流磁效应，到法拉第用磁棒来回进出金属线圈产生电能仅仅历经了11年。偶然的发现是小概率事件，需要等待漫长的时间，同时只能发现比较单一的规律。试验发明是一个复杂、系统的过程，同时又有更加明确的目的性和研究方向，大大缩短了发明的时间。

从"肤浅"到深远。在采猎文明和农耕文明时期，我们就地取材，无论是从动植物体内获取能源，还是用火煮熟食物和储存食物，都是在视线所及范围内行动。在工业文明时期，能源利用的目光穿透地层，地下的煤炭、石油和天然气都成为文明前行的重要动力来源，但这些能源也还是人们看得见的。随着技术的进步，能源形式开始从有形转为无形，电能开始得到普遍使用，核能、太阳能、可燃冰和地热能等开始进入我们的视野。

总之，我们对能源的利用是从小聪明逐步过渡到大智慧的过程。在农耕文明时期，人们利用畜力，靠马拉车等出行。进入工业文明时期，蒸汽机、内燃机、发电机及电动机让能源变得更加丰富和强劲。后来，混合能源又开始被使用，再后来，能源形式进一步更新，燃料电池、混合动力、氢能源动力和太阳能等发展迅猛。随着文明的演进，生产技术水平的提升，主流能源形式中所蕴含的人类智慧元素比重越来越大。

16.3 文明与能源的关系

到目前为止，我们的文明经历了采猎文明、农耕文明、工业文明、信息文明四个阶段，与之相应的能源形式也能够根据所蕴含的人类智慧程度分别定义为启智能源、小智能源、中智能源和大智能源。人类文明形态演进与能源形式

---

[1] 汉斯·奥斯特（Hans Ørsted，1777~1851），丹麦物理学家、化学家和文学家，首先发现电流磁效应。

更替密切关联、推拉互动、相辅相成：能源更替推动文明前行，文明前行又拉动能源更替。

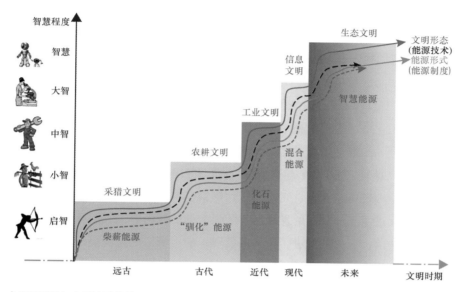

↑ 能源更替与文明演进曲线

采猎文明与启智能源。在以采集植物和狩猎动物为基本生活方式的采猎文明时期，我们只是自然物的采集者和捕食者，与动物在形式上的区别并不大，但也有本质的区别：人类会利用初始能源。我们在实践中发现和利用了火，并用之驱逐寒冷、保护自我、获取猎物、驯化动物、烹煮食物、储藏种子，使我们高于动物而成为地球的主宰，并靠火支撑渡过了漫长的采猎文明时期。

农耕文明与小智能源。学会了培植植物和驯化动物之后，农业定居成为可能，我们从食物的采集者逐渐转变为生产者，由此步入了农耕文明。据考证，农耕文明地带主要集中在北纬20度到40度之间，可以说这片区域是人类早期文明的发源地。在此时期，大部分人为依靠种植和驯化生活的农民，其余人则从事相关工作，于是社会出现分工，阶层、阶级和国家开始形成。我们利用植物（粮食、棉花、植物油、蔬菜、树木、秸秆、麻等）燃烧产生热能，利用驯化的动物（如牛、驴和马等）、风力和水力产生机械能。这一时代绵延数千年，所能提供的动力有限，生产力水平较低，人、货物和商品都难以远距离延伸，剩余生活资料也并不多，人们的活动空间有限、思想保守，社会分工简单，绝大多数人口从事农业劳动。

工业文明与中智能源。随着生产剩余进一步增多、社会分工日趋细化、商品

第五篇　智慧能源：我们未来的曙光

交换活动频繁，货物需要运输到更远的地方，贸易的范围逐步扩大，我们迫切需要强大的能源动力。煤炭的发现和利用加快了我们前行的步伐。与普通植物相比，煤炭燃烧值高，能够提供更大的动力。蒸汽机从18世纪末开始投入工业生产，到了19世纪初已广泛应用到各生产领域，成为工业革命的"火车头"，为煤炭的大规模应用提供了可能。

信息文明与大智能源。内燃机的出现极大地促进了交通运输业的发展，石油也得到了广泛应用。石油是优质的动力燃料原料，也是重要的化工原料。此外，人们在工业生产过程中利用发电机产生稳定而又极易输送的电力，驱动大型电动马达，进一步推动了交通运输业的发展。石油和电力成为经济社会发展的强大驱动力。以煤炭、石油、天然气等一次能源和电力等二次能源为代表的能源，驱动发动机、内燃机、汽车、飞机、转炉炼钢、有机化工材料、电话及无线电通信，极大地促进了工业文明的发展。有了强大的能源动力：人们可以把货物运送到世界每个角落，极大地促进了贸易的发展；矿山资源的大规模开采和利用成为现实，为工业生产源源不断地供应原料；农业机械化、规模化带来农业生产的繁荣；交通更加便利，使得农村人口向城市人口快速集中，推动了文明的进步。

一百多年的工业文明极大地丰富了人类财富，但问题接踵而至：一是环境污染；二是气候变化，由工业活动导致的气候变化可能使我们的生存面临挑战；三是能源和资源供应紧张，因为工业文明在极大地创造财富的同时，也消耗了宝贵的资源和能源，而不少资源与能源都是不可再生的，长此以往，工业文明不可持续，人类将面临穷途末路。

在信息文明时期（也有人称之为后工业时代），主要资源和能源得到了节约，但主要能源仍然是化石能源，而其终究是要枯竭的，文明前行必然会受到资源和能源的制约。智慧能源应运而生并发展壮大，又将开创生态文明新的能源传奇——就在能源技术的不断改进与更替的周而复始中，一次次一步步托举文明向上攀升，迎来利用能源的"智慧阶段"。

"双P"原理 🔍

　　"双P"原理，即push和pull的推拉原理，最早由巴格内(D.J.Bagne)提出，是研究人口迁移现象产生原因的重要理论。该理论认为人口流动是流出地劣势条件的推力与流入地优势条件的拉力共同作用的结果。巴格内认为人口流动的目的是为改变原先的生活条件，流出地的不利生活条件成为推力，而流入地的那些有利于改善生活条件的因素就是拉力。

"双P"原理同样能够解释能源和文明的推拉互动关系。一方面，能源支撑并推动着人类文明前行，不同的能源形式支撑着不同的文明形式。在采猎文明时期，我们只用来自自然界的能源或者其他机械能就能满足文明所需；到了农耕文明时代，人力、畜力、风力和水力等自然力的多方面运行，使文明的活动范围大大延伸。工业文明时期，煤炭、石油、天然气和电力等能源的广泛运用，将文明推到了一个新的历史时期，生产技术水平进一步提升。

另一方面，文明的演进又对能源形式提出了新的要求。在采猎文明时期，我们最重要的活动是生存，是能够同大自然特别是同动物展开斗争、获取食物、得到温暖，因此，我们在这一时期只需用火驱赶动物和煮熟食物即可，无需耗费太多能源去更远的地方。到农耕文明时期，逐步产生了生产剩余，此时对能源的利用形式已经多样化，如对畜力和风力等的要求逐步提高，要使其能够更多地为我所用；社会分工也进一步细化，产品逐步增多，于是要求将产品运往外地，因而人们在农耕文明末期就开始探索更好的能源形式以满足活动所需。到了工业文明时期，人们生产和贸易的活动迅速扩大，对交通工具、生产工具、通信工具等的要求进一步提高，通过能源动力将人与产品运往外地，煤炭、石油、天然气以及电力等能源形式就满足了当时人类所需。当然，这些以化石能源为基础的能源形式，存在着供应有限、破坏生态环境等问题。可以预见，人类新的文明形态将对能源的安全、清洁、低碳、环保、高效、便利等多方面提出更新、更高的要求。

17 智慧能源：因时而生的奇葩

17.1 智慧能源的基本内涵

2009年，IBM的专家们认为，当今这个时代无论在经济层面、技术层面还是社会层面，包括个人和单位，都已经被互相联系在一起，真正成为一个互联网世界，地球变得更扁平、更小巧了。如果将智能注入到我们的工作系统以及工作方式当中，世界将变得更有智慧。他们认识到，互联互通的科技将改变整个人类世界的运行方式，涉及数十亿人的工作和生活，因此创新地提出要"构建一个更有智慧的地球"（Smarter Planet），提出智慧的机场、智慧的银行、智慧的铁路、智慧的城市、智慧的电力、智慧的电网、智慧的能源等理念并通过普遍连接形成所谓"物联网"，而后通过超级计算机和云计算将"物联网"整合起来，使人类能以更加精细和动态的方式管理生产和生活，从而达到全球的"智慧"状态，最终实现"互联网+物联网=智慧的地球"。IBM作为企业，提出一系列附加着"智慧"的概念，但并没有突破企业商业目标的局限，也没有超越科技的视野。

同年，中国能源网首席信息官（CIO）韩晓平写就《当能源充满智慧》、《智慧能源与人类文明的进步》等文章，引起了国内对智慧能源的关注，这一概念也从此正式进入中国。当前，人们还不习惯将"智慧"与"能源"联系在一起，而更习惯于使用"智能"这一侧重于技术的概念。由于不同偏好，智慧能源与智能能源经常交替见诸报端，到目前为止两者还没有权威定义。

人类为适应文明演进的新趋势和新要求，出于自我保护本能，必须从根本上解决文明前行的动力困扰，以实现能源的安全、稳定、清洁、永续利用。智慧能源就是在于开发人类的智力与能力，通过不断技术创新和制度变革，在能源开发利用、生产消费全过程和各环节融汇人类独有的智慧，建立和完善符合生态文明和可持续发展要求的能源技术及能源制度体系，从而呈现出的一种全新能源形式。简而言之，智慧能源就是拥有自组织、自检查、自平衡、自优化等人类大脑功能，满足系统、安全、清洁、经济要求的能源形式。不难推断，智慧能源将是

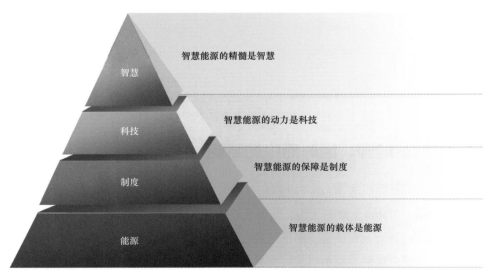

↑ 智慧能源要素

人类能源史上新的里程碑。

智慧能源的载体是能源。无论是开发利用技术，还是生产消费制度，我们研究的对象与载体始终都是能源，我们不懈探索的目的也是寻觅更加安全、充足、清洁的能源，使人类的生活更加幸福快乐、商品更加物美价廉、活动范围更加宽广、生态环境更加宜居美好。

智慧能源的保障是制度。智慧能源将带来新的能源格局，必然要求有与之相适应的能够鼓励科技创新、优化产业组织、倡导节约能源、促进国际合作的先进制度提供保障，确保智慧能源体系的稳定运作和快速发展。

智慧能源的动力是科技。蒸汽机与内燃机的科技创新推动了工业文明的发展，智慧能源的发展，同样需要科技来推动。核能、太阳风能、生物质能、泛能网等等我们正在使用、起步探索或仍未发明的能源开发利用技术，必将为智慧能源的发展提供巨大的动力。

智慧能源的精髓是智慧。智慧是对事物认识、辨析、判断处理和发明创造的能力。智慧区别于智力，智力主要是指人的认识能力和实践能力所达到的水平。智慧区别于智能，智能主要指智谋与才能，偏向于具体的行为、能力和技术。智慧能源的智慧，不仅融汇于能源开发利用技术创新中，还体现在能源生产消费制度变革上。

智慧能源不能简单地等同于智慧能源技术，还应涵盖智慧能源制度。技术是智慧能源发展的根本动力，制度则是智慧能源发展的根本保障，两者都不可或缺。从内容上看，智慧能源不仅指能源开发和利用技术，还包括能源生产和消费制度；从技术上看，智慧能源不仅指传统能源的改造技术，更包括新能源形式的发现和利用技术；从制度上看，智慧能源不仅指能源生产消费制度，还包括与能源相关的所有社会制度；从时间上看，智慧能源不仅指当前能源技术的改进和能源制度的完善，更包括适应未来文明要求的全新能源形式、能源技术的发现和利用，以及与人类生产生活相关的制度安排。

智慧能源与智能能源、新型能源、可再生能源、清洁能源等概念既有联系，也存在重大差别。

智能能源将能效技术与智能技术相结合，强调具体的技术及其物质或物理属性，还没有延伸到观念、制度等非物质或非物理的范畴。

新型能源是相对于常规能源而言的一种能源形式。其突出特点是：技术先进、尚未完全商业化开发和规模化应用，如风能、太阳能海洋能、地热能、生物质能、氢能、核聚变能等。就其能源形式而言，新型能源属于智慧能源，但智慧能源的外延要大于新型能源，如针对传统能源的清洁、高效利用技术也属于智慧能源的范畴。

可再生能源是相对于不可再生能源而言的，强调一定时空下能源的可再生性，无疑是智慧能源的一部分，因为它实现了能源的可再生，体现了人类的智慧。但可再生能源不等于智慧能源，因为智慧能源远比可再生能源的范围宽泛，不可再生能源的技术创新也属于智慧能源的范畴。

清洁能源与智慧能源并不能完全画上等号。清洁是智慧能源的一个重要属性，但不是说所有的清洁能源都能归入智慧能源的范畴，清洁能源必须还要满足高效、安全等其他条件才能成为智慧能源，因此清洁能源与智慧能源只是拥有交集但不完全重合。

新桃花源记 🔍

武陵人出桃花源，处处志之。及郡下，诣太守，说如此。太守即遣人随其往，寻向所志，遂迷，不复得路。近寿终正寝，绘桃花源之图，授子焉。子又生孙，孙又生子；子又有子，子又有孙；子子孙孙相传，遂过二千余载。

是日，武陵后人寻祖上之路，见石碑极类遗图之所述，乃上，果见潺潺溪水，有桃花瓣其中，甚喜。水尽之处果有山，入山口。

有老者盘坐于大石，告之祖上与桃花源之事。老者笑语盈盈，曰，此地原乃桃花源，经数千年之变更，今为智慧之郡。惑，复曰：何为智？答，才智与计谋也。何为慧？答，广阔之视野，独特之思维。何为智慧？集智、慧之大成，乃包罗衣食住行，伦理道德之万象，润泽国家社稷、黎民苍生之源泉。

随老者入郡，车水马龙繁华甚矣而未见乌烟瘴气，人来人往其乐融融而不闻嘈杂之声。见庞然大器，上天入地，瞬息万里，乃知智慧交通。见黄发者众，乃知百岁耄耋尤甚康健。问垂髫者数，唐诗宋词倒背如流，天文地理无不通晓，乃叹智慧之神奇。黄昏，宴席无鸡鸭鱼肉，啖绿叶青果，遂觉腹饱，双臂生力。有人从天边往返，得太阳风之力，乃知地球之外亦有社稷家园。夜幕降临，灯火通明，如日月光辉，若不看时辰，不知一日已逝。人寝之处片时而立，床浮半空，酣眠如摇篮之中。时已入冬，暖风微醺，全不觉寒意，若不观日历，寒暑难辨。不得其解，博学之人一语道破，智慧之能源，奥秘神奇，源源不断，所取之材甚少，所出之力极大且不伤人，所去之地极远几不耗时，几无污物残余。能源充沛，众人勿须为避烟霾而劳心肺，争煤油而动干戈。

问之是否不可道与外人，答曰尽可，若有意，尽可习得智慧能源之法，传于世人。待数月，技法既成，告别而归。

既出，收弟子传其法，留桃花芬芳于人间。

17.2 智慧能源的重要意义

智慧能源因时而生，是照亮人类文明未来的曙光，开发和使用智慧能源，不仅能缓解能源危机和压力，适应人类文明现在和未来发展的需要，更是推动文明进步、加速文明转型的动力。

缓解现实压力。智慧能源帮助我们缓解燃眉之急，为人类文明前行预留更广大的发展空间和更充分的发展时间。

（1）缓解环境破坏。智慧能源是清洁的能源，其生产、传输和消费过程中产生的废料接近于零，使噪声、辐射、热污染得到有效的控制，对地质、水文、大气的影响得到根本性的解决，使自然环境能够通过自身能力进行恢复，实现平衡。

（2）缓解资源短缺。我们长期大量消耗化石能源，造成其短缺，也导致其生产成本的大幅上升，增加了消费者的生活成本。能源资源的短缺，也冲击经济运行，形成全球性的经济衰退，并由此引发了许多经济社会问题。智慧能源通过完善各种能源制度，创新能源技术，减少能源消耗，降低新型能源的生产和消费成本，促进了新型能源规模化和商业化运用，保障能源的持续、安全和稳定的供应。

（3）缓解能源纷争。能源短缺、能源消耗造成的环境破坏对各国和各个地区造成压力，导致能源纷争不断，甚至引发战争。透析过去一百多年的战争史后不难发现，利益的争夺特别是能源资源的争夺是导致战争爆发的关键性因素之一。智慧能源可以通过国际组织、政治家、企业家以及各种非政府组织和民间团体，组建各种能源机构，促成各国求同存异，减少冲突。

加速文明转型。当前，我们正由信息文明向生态文明转变，"路漫漫其修远兮，吾将上下而求索"。选择明确的目标、正确的方向和合适的路径，加快能源

形式的改进和更替的速度，缩短向生态文明形态转型历程，是智慧能源的目的。

（1）加快生产力水平提高。智慧能源意味着能源技术的改进，包括提高传统能源使用效率和生产使用清洁能源，或者使用替代性的新型能源技术，而技术本身就是生产力最活跃的因素，智慧能源的技术创新将大大提高生产力水平，为文明转型提供坚实的物质基础。

（2）加快生产关系完善。智慧能源要求智慧的制度，要求改革和创新原有的能源制度安排，包括运用合适的能源政策，改革能源体制机制，形成一套行之有效的能源规则和国际合作制度，以形成全世界节约能源、使用清洁高效和低碳环保能源的风尚和外部环境。这种在生产和消费过程中所结成的能源关系，本身就是生产关系的一部分，并有助完善生产关系，改善上层建筑，使社会存在和发展的基础更加坚实。

（3）实现生产力和生产关系的良性互动。一方面，智慧能源代表能源技术的创新，要求能源制度（政策、体制机制等）做出相应的调整；另一方面，智慧能源又要求能源制度做出主动变革，适应能源技术创新的需要。能源技术和能源制度的良性互动，也促进了生产力和生产关系的互动，加快推动社会文明的进步和转型。

适应未来发展。除了在缓解现实压力、加速文明转型发挥重要作用外，智慧能源还能够适应和满足未来生态文明发展的要求。

生态文明对能源技术和能源制度提出了新要求。可以预见，在生态文明时期，社会继续向前发展，人口数量继续增长，物质产品的生产、服务和消费信息化和智能化水平得到全面提高。为最大限度地降低自然资源和能源的消耗，减少甚至消除环境污染，实现生态平衡在针对传统能源形式继续研究开发改进型技术的同时，必然要求更加努力开发针对新型能源形式的更替性技术。高能耗、高污染和低产出的生产格局，与能源管理体制不顺、能源政策失误、能源价格机制不科学、能源激励和约束机制不匹配等能源制度直接相关。因此，能源制度变革也是生态文明发展的客观要求。

智慧能源能够适应和满足生态文明的新要求。智慧能源意味着传统能源改进技术和新型能源更替技术成熟应用，有了这两种能源技术的交叉和进步，能耗将会降低，污染将会减少甚至消除，能源供应将会系统、安全、清洁和经济。同时，智慧能源意味着制度的创新和变革，这种变革有利于整合资源能源，提高其投入产出比，并减少对环境和生态的负面影响。可以预见，系统、安全、清洁、经济的智慧能源，必将能够全面适应和充分满足未来生态文明的要求。

人体能源技术展望 🔍

在本书第二篇第4.2节"烹煮与人类进化"中，可以了解到烹煮这一能源技术的发明和应用加速了人类的进化，使人的大脑容量更大，使牙齿及相关的骨骼结构和肌肉组织变小、肠道变短。由此可以推断，未来能源技术的探索渠道和实现方式，将不仅局限于对外界能源技术的开发，而且可以从人体的结构、器官、细胞组织、基因以及身体附属物入手，利用纳米技术、基因技术、高分子技术、医疗技术、生物遗传技术等手段促进人本身对能源利用的进化，改变我们的衣食住行。

衣。当前我们身上穿的各种服装主要用于防寒保暖，未来或许能够从利用保湿护肤品的保湿因子维持皮肤水分中得到启示，开发出"保暖霜"，只需在皮肤上涂上一层绝热材料，冬天让皮肤与身体完全保暖或者极少量地向外散热；夏天炽热的阳光和空气的热量也很难影响皮肤，实现冬暖夏凉的舒适生活。在更远的未来，我们或许还可以改进皮肤表面的细胞膜，使之同样具有适当的绝热功能，带来穿衣的革命。

食。人体的热量来自于食物。一般而言，一个60千克标准体重的人在休息状态时，一天需消耗1500~1600卡路里的热量；如果是中等活动量，一天需消耗1800~2000卡路里。按这样的热量需求，黑猩猩每天要花费6个小时来咀嚼食物，而学会了烹煮后的人类只需要花费1个小时。但是，人类进行烹煮还要花费一定时间，一日三餐仍然非常烦琐。目前，已经有很多高能量的碳水化合物、脂肪、蛋白质食物，如牛奶片、压缩饼干、单兵自热食品等。美国的"首次打击口粮"（First Strike Ration，FSR）于2002~2004年开发，2007年投入到战场中，其热量非常可观：一份口粮可提供2900卡路里能量。然而，仅此还远远不够，相信未来我们将会超越烹煮，实现新的能量摄取方式，那时饮食将变得更加高效、简单，而是否需要美味则要另当别论。

住。住房的核心功能无非是遮风挡雨。如果我们能够像蜗牛一样有个坚硬而且方便携带的外壳，对于房屋的依赖可能就会大大减小，当然，我们并不希望科学进步把我们带向痛苦的蜗居时代。如果未来有一种美观的或者隐形的电磁场保护外壳，能够刀枪不入、滴水不漏、防寒保暖，可能会更大程度上满足我们的需求。

行。城市里的堵车问题实在让人头疼，偏远山村的羊肠小道与盘山公路更加不便。虽然人类在驯化动力上取得了赫赫战绩，然而无论火车、汽车、飞机、轮船，乃至节能环保的自行车和追风少年脚下的轮滑，都有一定的局限性和危险性，无一堪称完美。未来，豹子的速度能否移植到人的双腿？人类的肩膀上能否插上天使的翅膀？我们有责任一起去寻找帮助人类更快、更安全，甚至上天入地的交通方式。

创新是人类文明前进的动力，我们无需把思想和行动局限在当前相对稳定和适度的生活，不妨大胆去思考和设想我们未知的世界和美好的希望，这些在现在看来不可思议的事情，或许会被明天的智慧演绎得顺理成章。

18 浑然天成：技术和制度的融合

18.1 智慧能源的技术基础

能源技术是智慧能源的精髓——智慧的直接体现。各种满载智慧的技术，是智慧能源一个个充满活力的细胞，构筑了其生机勃勃的生命肌体。智慧能源的技术可以归为两类，即改进性技术与更替性技术。改进性技术主要指针对传统能源形式开发利用的清洁技术、高效技术和安全技术；更替性技术主要指针对新型能源形式的探索发现及其开发利用技术。

区分改进性技术与更替性技术，有形式与趋势两个标准。改进性技术在能源形式上是现有的传统能源，在趋势上是使之更加清洁、高效、安全的改良进步；更替性技术在能源形式上是已知甚至未知的新型能源，在趋势上是革命性的、能够替代现有主要能源甚至能够完全满足人类能源需求的未来能源。

改进性技术和更替性技术的关系，就好像智慧能源得以向前不断迈进的两条腿，协调并行，相辅相成，不可偏废。改进性技术是阶段性、过渡性的，为更替性技术做技术上的积累与铺垫，满足人类现时直至能源形式大规模更替前的需求，重在"守成"；更替性技术是长期性、革命性的，在改进性技术的基础上找到能够大规模替代现有主要能源形式并长期支撑人类文明发展的主体能源，重在"开拓"。更替性技术与社会、文明的发展程度相协调，技术持续到一定时间、发展到一定程度后，又会逐渐无法满足新的社会和文明需要而转变为改进性技术，因此我们需要持续不断地寻求新的更替性技术。

那么，智慧能源技术又有着怎样的轮廓剪影？结合之前专栏中所提到的能源形式更替路径与规律，加之现今社会发展和未来文明的需要，我们不难判明其关键性特征。

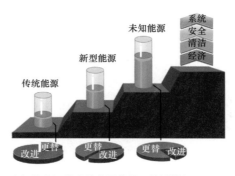

↑智慧能源技术的发展趋势及关键特征

系统。智慧能源技术不会是某项单一技术，必然将有机地结合当前的互联网技术、云计算技术、通信技术、控制技术及未来的新技术，实现能源生产、传输和利用等环节等多项技术的综合优势。智慧能源技术的功能不再是能源简单的生产、传输、交易和消费过程，而是基于生态文明发展需求，结合环境、社会、人文、政治等指标建立起来的综合体系。

安全。智慧能源技术必须符合安全的要求，确保为社会提供安全、稳定、持续的能源，同时解决能源蕴含的巨大能量在不可控制时带来的危害，如火灾、洪水、电击、交通事故等，彻底驯化能源的"野性"。

清洁。生态文明必然对能源的清洁要求十分苛刻。智慧能源对自然环境的影响将无限趋近于零，这是我们为之不懈努力的终极方向与目标之一。未来能源的清洁属性必须摆在第一位，其生产和使用过程不产生有害物质，或者产生的有害物质极小，不影响自然界的生态平衡。智慧能源不仅要加强可见、有形的污染物的控制，而且要消除辐射、电磁波等无形污染物的危害。

经济。随着能源技术中所蕴含人类智慧属性的不断提高，能源利用效率也将随之提高，智慧能源技术将探索发掘更加高效的能源，使之拥有越来越大的能量密度，以最小的代价换取最大的动力产出，简而言之，就是高效率、低成本、高产出，在生态环境和社会经济的可持续发展承担能力之内。

智慧能源技术憧憬无限 🔍

茫茫宇宙，充满无限未知，承载无限想象。随着人类科学技术的提升以及对宇宙认知广度与深度的扩展与延伸，我们必将发现和发明更多的新型能源形式，有些可能出人意料，有些甚至匪夷所思，极大地超越我们现

第五篇　智慧能源：我们未来的曙光

今的认知范围，但一定会为我们带来如同科幻小说一般奇丽壮阔的未来应用图景。结合前沿科学研究进展，我们大胆设想未来的几种智慧能源技术：

"冷能"技术。目前"冷能"技术暂未有明确和权威的定义。"冷能"技术的冷是相对的低温，即高于绝对零度（−273.15℃）、低于常温（20℃），其物质载体称之为冷源，如冰、雪、冷空气等。"冷能"技术指对符合人类需求的冷源进行开发、收集、储存和应用。"冷能"的潜在优点有：自然界储量丰富、可与热能互补利用、日常生活和工业生产对冷环境的需求巨大等。目前我们对"冷能"技术的探索和应用刚刚起步，其未来的发展空间不可估量。

太阳风利用技术。太阳风是一种连续存在、来自太阳并以200~800千米/秒的速度运动的超音速等离子体带电粒子流。它虽然与地球上的空气不同，不是由气体的分子组成，而是由更简单的比原子还小一个层次的基本粒子——质子和电子等组成，但是它们流动时所产生的效应与空气流动十分相似，所以被称为太阳风。太阳风的能量爆发来自于太阳耀斑或其他被称为"太阳风暴"的气候现象，主要标志是强烈的辐射。

美国华盛顿州大学的研究者计划借助于一个宽8400千米的巨型太阳帆与卫星收集太阳风的能量，预测能够产生10^{27}瓦特电量，如果所产生的电量能够传回地球，甚至可以满足全人类的用电需求。然而，这些电量都必须能够传回地球才有意义。卫星产生的一些电量将被输送到铜线，以产生电子收集磁场，余下电量用于为一道红外激光束供能，以帮助实现在任何环境条件下满足整个地球用电需求这一目标。地球与卫星距离太远，达到数百万千米，即使最强大的激光束也会发散，进而丧失大部分能量，因此虽然用于研制这种卫星的绝大多数技术都已存在，但研发聚焦程度更高的激光却是一大挑战。

太阳风中存在巨大能量毋庸置疑，但实际操作中的诸多限制将是个大问题，在人类的智慧不断增长的未来，它也许会带给我们不小的惊喜。

反物质利用技术。爱因斯坦认为，运动的物体都有能量，当它的总和是一个正值时，这种物质就是我们在生活中看到的各种物质；当运动的物体所具有的能量总和是一个负值时，物质的性质、内部组成和我们日常见到的截然相反，这种物质就称为反物质。正物质的原子是由带正电荷的质子和带负电荷的电子组成的，而反物质的原子却是由带负电荷的质子和带正电荷的电子组成的，所以反物质受力后的运动方向和正物质完全相反。正反物质很难同时存在，一旦相遇就相互吸引，一旦碰撞就同归于尽，同时释放出大量能源，叫做湮没反应。湮没反应中，全部物质都转化为巨大的能量，比核反应产生的能量约大1000倍，而且不产生放射性。

根据推算，相当于小小一粒盐的10毫克反物质，就能产生相当于200吨液体化学燃料的推力，能够将巨大的火箭送入太空，并能产生高达三分之一光速的速度，以这样的速度只需用两年的时间就可以轻松地飞越太阳系。如果应用到生活中，1克反物质可以使一辆汽车连续行驶10万年。然而，要充分利用反物质的研制技术困难巨大，生产费用也极其惊人。据初步估计，生产1克反物质至少要花费10亿美元。另外，反物质的储存与运输也是一大难题：它只要一接触普通的物质就会立即爆炸。

虽然世界各国都在不懈探索着反物质，但是我们现在对于反物质的研究还只处于初始阶段，离实际利用还相当遥远。我们希望它终有一天会在我们的努力下为人所用，成为划时代的智慧能源。

地磁利用技术。地磁（地球磁场）近似于一个位于地球中心的磁偶极子的磁场。地磁的南北极与地理上的南北极相反，磁南极（S）大致指向地理北极附近，磁北极（N）大致指向地理南极附近。地球表面的磁场受到各种因素的影响而发生变化，赤道附近磁场最小（约为0.3~0.4奥斯特），两极最强（约为0.7奥斯特）。关于地磁场产生的原因有多种说法：

第一种观点认为地球内部有一个巨大的磁铁矿，它的存在使地球成为一个大磁体。这种观点很快被否定了，因为即使地球核心确实充满着铁、镍等物质，在温度升高到760℃以后也会丧失磁性，而地心的温度高达摄氏五六千度，因而不可能由此构成地球大磁体。

第二种观点认为地球磁场产生于地球的环形电流。因为地心温度很高，铁镍等物质呈现熔融状态，随着地球的自转，带动着这些铁镍物质也一起旋转起来，使物质内部的电子或带电微粒形成了定向运动。这样形成的环形电流，必定像通电的螺旋管一样产生地磁场。但是这种理论无法解释历史上地球磁场的几次倒转。

第三种观点认为地球磁场是地球内部导电流体与地球内部磁场相互作用的结果，也就是说，地球内部本来就有一个磁场，由于地球自转，带动金属物质旋转，于是产生感应电流，这种感应电流又产生了地球的外磁

第五篇　智慧能源：我们未来的曙光

场。这种说法又称做"地球发电机理论"。这种理论的前提是有一个地球内部磁场，但却又无法解答地球内部磁场的来源。

虽然关于地球磁场产生的原因还有待权威的科学解释，但地球磁场的存在却是一个不争的事实。地球本身就是一个不停自转和公转的运动体，具有巨大的动能，同时又具有巨大的地磁场，我们假设能够制造出足够的闭合线圈来切割地磁线，由此而开启的能源未来必将呈现出完全不同的情景。

18.2 智慧能源的制度框架

制度是在一定条件下我们所必须遵守的共同行为准则，其通常以法律、政策为表现形式。技术与制度从来都不是孤立存在的，一定的技术必须配合一定的制度，以推进其发展并使其能够充分为社会所用，一定的制度也必须在一定的技术基础上逐渐成型和完善、发展。智慧能源制度是相对于传统能源制度的不足而提出的，其自成一个完整而严密的体系，又和整个人类制度体系有机相连、自然融合、不可分割，甚至难以清晰地辨别出智慧能源制度与其他相关制度的明确界限，因为智慧能源本身也将渗入我们生活的方方面面，既有横向延伸，又有纵向深入，而不是简单的局限于一隅。

智慧能源制度既有广度，又有深度，涉及能源的研发、生产、加工、储存、运输、转换、消费、回收和合作的方方面面，乃至与每个人的生活息息相关，不仅以一般制度的法律、经济政策为表现形式，还包括价值信念、伦理规范、道德观念、风俗习惯及意识形态等，最终上升到一定历史条件下的能源政治、经济、文化等方面的综合体系。智慧能源制度包括促进节约、促进环保、促进合作的制度安排。

在我们的文明进程里，能源技术与能源制度"同出而异名"，相互交织、相互影响。能源技术在起初阶段占据主导地位，制度只是起辅助作用，但是随着社会活动与能源技术的日益复杂，能源制度的重要性日益提高，到近现代以来，其地位已经不亚于能源技术，甚至在某些方面超过了能源技术。能源制度中所贯注的人类智慧已经与能源技术相当，并且与能源技术起到同样的作用、达到同样的目的并推动其发展，例如从制度途径能够同样使能源更加清洁、更加高效。由于能源制度与能源技术的智慧性质日趋明显，其作用、目的日益趋同，密不可分，最后紧密融合为智慧能源的整体，不可割裂。能源技术与能源制度的贴合程度，也体现出了智慧程度，智慧能源在智慧上达到最高，技术与制度也达到完全融合。

采猎文明时期，能源供给完全能够满足我们的需求，并且柴薪能源的利用对自然环境的影响微乎，其微甚至可以忽略不计，能源的开发利用与生产消费完全是在自发和任意的情况下进行的，能源制度也许不如今天和将来这么重要，简单地进行收集柴薪和生火的任务指派与社会分工就是最早的能源制度雏形。农耕文明时期，我们对能源的利用形式更加丰富和复杂，制度也开始逐渐成型，牛、马等畜力的所有权，水车和风车的投资与收益等等都有了较完善的规范。工业文明和信息社会时期，技术日新月异层出不穷，煤与石油等各种能源大量消耗，自然已经不堪重负，能源的日渐稀缺与其地域分布的不均衡性导致纷争不止，此时通过制度对能源的归属、生产、研发、投资、收益和消费等方面进行确定尤为重要，制度逐渐发展和完善，并开始与技术在智慧属性上融合。在未来的生态文明阶段，智慧能源制度将起到更加重要的作用，并与智能能源技术完全融合、不可剥离。

在未来，能源制度中将凝结越来越多的人类智慧，甚至不亚于能源技术。在智慧的属性上，智慧能源的制度和技术逐渐由原来的不均衡和分离逐渐均衡、协调与合一，直至最终汇为不可剥离的整体，生成为智慧能源这一全新形式。过渡时期的智慧能源制度框架也应主要包括以下四个方面：

鼓励科技创新。智慧能源制度的根本目的是促进智慧能源技术的创新，其制度设计以鼓励和实现创新为基本特点。由于智慧能源技术在走向成熟和大规模推广之前，往往需要克服成本方面的巨大障碍，智慧能源制度必须充分体现鼓励清洁高效的改进性技术和更替性技术的推广应用。

优化产业组织。智慧能源制度的一个重要使命就是通过一整套的制度体系，促使能源产业组织更加高效，符合能源产业的客观规律，以最小的成本获得最大的产出，实现规模效益，确保能源供应满足人类经济社会发展的需要。

倡导节约能源。智慧能源制度着眼于营造先进的消费理念，改变全体社会成员的消费行为，重建节约能源新风尚，鼓励每一个社会成员使用节能产品、清洁产品，以实际行动落实节能减排。

促进国际合作。在经济全球化深入发展、世界各国依存日益加强

↑智慧能源制度框架

的当今，利益和责任共担的理念越来越适用于能源研发、生产、消费和环保等领域。智慧能源制度将充分促进和强化国际合作，整合起各自为政、孤立、零散的力量，转化成全人类的合力，推动我们向未来文明成功转型。

智慧能源制度崭露头角 🔍

　　智慧能源中，技术是"硬件"，制度是"软件"，二者相辅相成。缺乏技术基础的制度只是幻想空谈，而缺乏制度保障的技术只能停留在实验室，智慧能源需要技术和制度的互推共进。有了智慧能源技术的支持，智慧能源制度才有执行的载体；有了智慧能源制度的保障，智慧能源技术才能运作自如。目前，智慧能源制度已经崭露头角，大到国家、组织间的合作交流，小到行业、企业间的创新探索，各种新型的能源制度不断涌现，充满勃勃生机和活力。

　　合同能源管理（Energy Performance Contracting, EPC）。EPC是20世纪70年代中期以来，基于市场的、全新的节能新机制，在市场经济国家中逐步发展起来一种能源管理模式。在过去的10年里，美国、加拿大等国由于政府的重视、资金来源比较充足、ESCo的信用体系建立较为完善，EPC的成长较发展中国家早，而且节能领域涉及面广。合同能源管理的实质是以减少的能源费用来支付节能项目全部投资的节能投资方式，允许客户用未来的节能收益实施节能项目，或者节能服务公司以承诺节能项目的节能效益、或承包整体能源费用的方式为客户提供节能服务。节能服务合同在实施节能项目的企业（用户）与节能服务公司之间签订，它有助于推动技术上可行、经济上合理的节能项目的实施。依照具体的业务方式，可以分为分享型合同能源管理业务、承诺型合同能源管理业务、能源费用托管型合同能源管理业务。

　　1997年，合同能源管理模式登陆中国。国家发展和改革委员会同世界银行、全球环境基金共同开发和实施了"世界银行/全球环境基金中国节能促进项目"，在北京、辽宁、山东成立了示范性合同能源管理公司。运行几年来，上述三个示范性合同能源管理公司项目的内部收益率都在30%以上。经过十多年发展，中国积累了相当多的EPC经验，在节能工作尤其是涉及建筑节能、绿色照明、电机系统节能、余热余压利用等众多领域中，发挥了极其重要的作用。然而，EPC项目本身具有风险高、周期长的特点，必须继续加大政策的力度，完善行业规范，加强推广的宣传力度。 [●]

需求侧管理（Demand Side Management, DSM）。DSM是在政府法规和政策的支持下，采取有效的激励和引导措施以及适宜的运作方式，通过发电公司、电网公司、能源服务公司、社会中介组织、产品供应商、电力用户等共同协力，提高终端用电效率和改变用电方式，在满足同样用电功能的同时减少电量消耗和电力需求，达到节约资源和保护环境，实现社会效益最好、各方受益、最低成本能源服务所进行的管理活动。欧美等发达国家都有一支庞大的队伍从事需求侧管理工作，美国仅2000年就为此投入约15.6亿美元，节电537亿千瓦时，减少高峰负荷2200万千瓦。

20世纪90年代初，在中国政府的倡导下，电力公司及电力用户开展了大量的电力需求侧管理工作，如采用拉大峰谷电价，实行可中断负荷电价等措施，引导用户调整生产运行方式，采用冰蓄冷空调、蓄热式电锅炉等。同时，还采取一些激励政策及措施，推广节能灯、变频调速电动机及水泵、高效变压器等节能设备。据测算，"十一五"期间，中国通过实施电力需求侧管理节约电量超过1000亿千瓦时，节约原煤超过6000万吨。如果继续实施有效的电力需求侧管理，到2020年，中国可减少电力装机容量1亿千瓦左右，超过5个三峡工程的装机容量，同时还可以节约 8000亿~10000亿元的电力投资，不仅能大大化解资源、环境和投资压力，而且还将带来巨大的节电效益、经济效益、环境效益和社会效益。

能源金融（Energy Finance）。它是通过能源资源与金融资源的整合，实现能源产业资本与金融资本的不断优化聚合，从而促进能源产业与金融产业良性互动、协调发展的一系列金融活动。由于能源和金融在经济发展中的特殊地位，能源金融不仅是能源和金融发展中的战略问题，而且是经济发展中的核心问题。

政府可以通过能源监管机构、金融监管机构、能源企业、银行、投资基金等，构筑能源金融体系，鼓励和支持能源企业或金融机构出资建立能源战略储备银行，发行证券，促进能源及资本的流通和增值。目前，世界各国高度重视能源金融的发展，各国能源金融市场在很大程度上就是围绕石油价格在不断地追逐博弈。BP、壳牌等跨国能源企业每年参与金融衍

● 参见李洪东《合同能源管理项目商业运营模式及运作方案研究》，中国科学院博士后出站报告，2012年11月。

生工具交易的合约面值达到数千亿美元，交易对象包括商品市场、利率市场以及外汇市场的期货、期权、远期、互换等合约。

中国能源金融起步较晚，但发展迅速，目前已形成能源产业与金融产业的联结，衍生出能源证券、能源基金、能源期货等金融产品。最早的金融衍生产品要数石油期货，1993年上海石油交易所推出石油期货，一年后便已经超过新加坡国际金融交易所，成为世界第三大能源期货交易市场。证券市场不甘示弱，能源板块已同国家能源政策、能源行业业绩血脉相连，互动灵敏。国家低碳产业基金、中国绿色能源发展基金等能源基金蓬勃发展，为能源市场拓宽了融资渠道。

第六篇
漫漫长路：我们该如何走过

　　永续动力是我们追寻的梦想，智慧能源能够能让我们的梦想成真，让我们的未来充满希望。然而，在创新能源开发利用技术、变革能源生产消费制度上，对智慧能源的探索仍然任重道远，最终将坎坷崎岖的漫漫长路化为一马平川的通天坦途，让智慧能源曙光升华为一轮红日普照大地，让未来文明充满阳光、充满动力，取决于我们能否共同肩负起神圣而艰巨的历史使命。

19 全球使命：任重而道远

19.1 环球同此凉与热

根据能量守恒定律，能量既不会凭空产生，也不会凭空消失，它只会从一种形式转化为其他形式，或者从一个物体转移到其他物体，在转化或转移的过程中，能量的总量不变。我们对能源的利用，实质上是将能量从稳定的载体介质，如石油、煤炭中通过燃烧等方式将化学能转换出来，再转移到我们生存的空间。此外，由于温室气体的综合作用，我们生存的空间里总体输入的能量大于输出能量，使得积累的能量越来越多，各种介质越来越活跃。空气增强的热能和动能将可能形成飓风，土地蕴含了过多的热量将加剧水分蒸发导致荒漠化，河流蕴含过多的热量将导致枯竭……以上种种因素的日积月累将导致生态环境和气候的失衡。

根据质量守恒定律，在化学反应中，参加反应前各物质的质量总和等于反应后生成各物质的质量总和，在任何与周围隔绝的体系中，不论发生何种变化或过程，其总质量始终保持不变。能源利用的过程，绝大部分是以原料的化学反应释放能量，在化学方程式的左边，反应前的物质即原料会越来越少；方程式的右边，反应后的生成物，即废料或者污染物将越来越多。由此可以得出，对能源的开发利用，直接导致的结果就是能源枯竭和环境污染，而这个全球性的警报已经震耳欲聋。

我们掌握了能量和质量的守恒定律，却远未掌握和应用生态环境的平衡定律。当前，矿物、土地、淡水、森林、野生动植物等自然资源在世界人口、经济不断增长的情况下逐渐显现出相对紧缺的趋势。全球气候变暖、臭氧层耗竭、酸雨、水资源状况恶化、土壤资源退化、全球森林危机、生物多样性减少、毒害物质污染与越境转移等生态环境问题时时处处威胁着人类。

在全球一体化背景下，任何一个国家、地区、民族、组织、个人都不是孤立的，在同一片蓝天下，同一个地球上，我们都需要面对能源、生态、环境、气候问题，正所谓环球同此凉与热，我们必须真诚地与地球和谐相处。

世界各国要根据能源资源消耗的历史总量、生态环境的破坏程度，主动界定责任范围，保护共同的地球。一是要立足现实，推动能源的清洁化利用，着力解决迫在眉睫的气候变化、环境污染等问题。二是要立足长远，着力解决人类发展过程中的动力困扰，积极推动智慧能源的研究、开发与应用。发达国家不仅要对工业革命以来赖以成功的高碳发展历史欠债负责，还要加大对发展中国家的节能环保技术援助和资金支持。发展中国家要科学规划，避免走发达国家先污染后治理的老路，积极投入到节能环保、恢复生态的行动中。

智慧能源在我们和地球之间搭建起前所未有的桥梁和纽带。我们要摒弃贪婪、放肆、无知，树立尊重、高效、节约的思维和行为方式，通过科学认知、良性互动、修复愈合，实现生态系统的平衡、自然环境的友好、能源资源的可持续。只有这样，我们才能与地球建立起更加友好、和谐的关系，让地球变得绿色、健康、充满生机，让我们的生活变得更加舒适、阳光、充满幸福。

↑ 生态文明下的和谐能源观念——人类与地球的关系

地球熄灯一小时 🔍

地球一小时（Earth Hour）是世界自然基金会（World Wide Fund For Nature，WWF）应对全球气候变化所提出的一项倡议，倡导个人、社区、企业和政府在每年3月最后一个星期六20：30~21：30熄灯一小时，来表明对应对气候变化行动的支持。过量二氧化碳排放导致的气候变化目前已经极大地威胁到地球上人类的生存，只有通过改变全球民众对于二氧化碳排放的态度，才能减轻这一威胁对世界造成的影响。

"地球一小时"活动首次于2007年3月31日在澳大利亚悉尼展开，随后迅速席卷全球。2012年"地球一小时"主题是"每个人心中都有位环保家"，旨在鼓励个人、企业和政府在日常活动中至少做出一个环保改变。当天，全球众多城市、企业和数以万计的个人自愿参加，在这一小时内共同熄灭不必要的灯光。此次活动还引起全世界人民新的思考：除了熄灯，我们是否能做得更多。

每个人的一小步，就是地球的一大步。"地球一小时"的目的不是仅为了节省电，而是为了使公众认识到保护地球的重要性，提高大家的环保意识，在平常的生活中，就养成环保的好习惯。活动建议：

　　"绿色"家居出行。选择自行车和公共交通作为出行工具；用完电器拔下插头；使用保温能力更强的节能门窗。让衣服自然晾干；自带购物袋，不使用一次性塑料袋；空调温度设置合理，避免室内外温差过大；只有在需要烧热水的时候才接通饮水机电源；冰箱内存放总容积80%的食物。

　　回收利用垃圾。垃圾只是放错了地方的宝贝，帮助在源头上合理处理垃圾；家中备有分类垃圾桶，将厨房垃圾和其他垃圾分开放；将易拉罐、汽水瓶收集起来，卖给废物回收者；收集雨水，用来清洁和浇花。

　　保护森林。无纸化办公，用电子贺卡代替纸制贺卡；拒绝接受传单、折页或其他形式的广告；在线阅读报刊，获取新闻，使用电子对账单；拒绝使用一次性木筷子；购买具有FSC认证❶的家具；以种植树木的方式庆祝节日和纪念日。

　　珍惜淡水。一水多用，用洗脸水洗脚、淘米水浇花、洗衣水拖地；洗脸刷牙时不长流水，尝试随时关闭水龙头；使用节水型马桶、水龙头；使用中水清洁车辆，尝试选择植物蜡无水洗车；外出和开会时自带水杯；使用无磷洗涤剂；不向河道、湖泊里扔垃圾，集中回收废旧电池。

　　保护野生动物。不把垃圾随意丢弃，避免野生动物误食；不在野外打猎或捕鱼；在远处安静欣赏野生动植物，不去触摸和饲养它们；不要食用野生动物，特别是濒危野生动物；不购买象牙、虎皮，穿戴动物皮毛不是奢侈而是残忍；旅游时不要随意采集野花野草；不要购买野生动物做宠物，让他们活在自己的家园。

　　乐活生活❷。购买当季本地生产的蔬菜水果，避免过多的农药、化肥和运送成本；尽量选择有机食品和素食；不抽烟，尽量不吸二手烟；支持社会慈善事业，进行旧物捐赠；减少制造垃圾，实行垃圾分类与回收；少乘车，多运动；少吹空调，多亲近自然；办一个与众不同的低碳婚礼；购买有绿色环保标志的产品等等。

---

　　❶ 全球的森林问题越来越突出，森林面积减少，森林退化加剧。1990年美国一些消费者、木材贸易组织、环境和人权组织代表认为有必要创建一个诚实可信的体系来识别良好经营的森林，将其作为可接受的林产品来源。森林管理委员会（Forest Stewardship Council，FSC）的名称由此产生。

　　❷ LOHAS，即Lifestyles of Health and Sustainability，指以健康及自给自足的形态生活，健康、可持续的生活方式。

19.2 路漫漫其修远兮

推动智慧能源发展，必须坚持"共同但有区别"的原则。发达国家必须承担主要责任：一是由历史决定的，因为发达国家是气候变暖与环境破坏的最早和最大肇因，具有不可推卸的历史责任；二是由现实决定的，发达国家在经济、技术等方面占据优势，有实力、有能力，具有不容回避的现实责任。在当前减排总量中，发展中国家的贡献已经接近三分之二，而发达国家却止步不前，不愿提高承诺目标，气候、环境、资源问题已让我们疲惫不堪，全球合作矛盾更让我们的未来雪上加霜。

从18世纪工业革命开始到1950年，发达国家在燃烧化石燃料释放的二氧化碳总量中占了95%——而在其后的50年中，仅占全球总人口15%的发达国家仍占到全球碳排放总量的75%。发达国家在实现工业化、现代化的过程中，无约束地排放大量二氧化碳等温室气体，无节制地使用资源，是目前全球变暖和环境破坏的主要原因。

而在当今的全球化生产分工中，发达国家又凭借着技术和标准的高度垄断，将高排放量产业或是产业的低端制造环节转移到发展中国家。在消费方面，发达国家的人年均碳排放自工业革命以来就大大超过发展中国家。

发达国家早已完成工业化和城市化发展进程，掌握着先进的技术，具备着雄厚的财力，具有推动智慧能源发展的综合实力，当然要履行最重大的特殊责任，为发展中国家提供必要的资金和技术支持，为改善气候变暖与环境破坏做出贡献，为探索智慧能源做出努力，从而使全人类能顺利地渡过困境与危机，携手步入未来文明。这些既是发达国家应尽的责任，也符合发达国家和全世界的长远利益，然而部分发达国家并未能正确对待、切实履行应对全球危机的责任，具体体现在以下几方面：

以发展中国家未参与承诺和影响经济发展为由，拒绝履行减排责任。美国人口仅占全球人口的3%~4%，而二氧化碳排放相当于全球25%以上，却主张除非中国、印度等发展中国家也承担对等的减排指标，否则其不承担任何减排责任。欧盟一直坚持"仅发达国家减排毫无意义"，认为其减排量远抵不上部分发展中国家的增排量。美国政府在2001年3月宣布拒绝批准《京都议定书》。加拿大也于2011年12月德班会议刚刚落下帷幕之际，宣布退出《京都议定书》，拒绝履行减排义务。

以发展中国家必须加大减排力度并接受国际监督为由，延迟资金支持。1992

年通过的《联合国气候变化框架公约》声明，发达国家应该在资金、技术方面支持发展中国家，但现实却并不理想。在哥本哈根世界气候大会上，发达国家承诺在2010~2012年快速启动阶段提供300亿美元，以及到2020年筹集1000亿美元，但各国资金义务的分配和资金来源未能落实。除此之外，发达国家目前承诺提供给发展中国家的应对气候变化援助资金，落实到全世界发展中国家人均不过2美元。

以知识产权保护、产权归私人所有为由，拖延技术转让。发展中国家节能减排技术相对落后，电力、建筑、交通、冶金、水泥、化工等六大高耗能、高排放产业的许多关键的节能减排技术被发达国家控制。发达国家本应履行其在公约中的承诺，向发展中国家提供及时和充分的技术援助。遗憾的是，不少西方发达国家担心转让先进技术后，会影响其国内产业和产品的国际竞争力，并以知识产权保护、许多技术都是私有等为由，不愿意通过税收、行政等手段去促进转让，片面强调发挥私营部门和市场的作用，指责发展中国家的国内制度环境不利于技术转让，导致20多年来其在技术转让方面始终没有重大成果。

发达国家为责任辩护，短期内可能有利于自身利益，但长远来看却对包括其在内的全世界产生了不利影响，这就好比生物学里著名的"煮蛙效应"：青蛙被放进煮沸的大锅里会立刻触电般地窜出去并安然落地，而当把它放进装满凉水的大锅任其自由游动，再用小火慢慢加热，青蛙虽然感觉到温度的变化，但因惰性而安于这种环境不会立即跳出，当热度难忍时却已周身麻木而无力逃脱。温室效应就如同给地球温火加热，虽然短时间没有急剧变化，但是长期累积下去的后果却是毁灭性的。发达国家就如同被温火加热的锅中青蛙，现在不努力减少甚至还增加排放，等到全球变暖已不可逆转时，曾获得的所有经济利益都将化为乌有——承担这一后果的不仅是他们，而且是全世界。

这一切理由或说是借口，源于发达国家的经济伦理。绝大多数发达国家的经济伦理建立在资本主义私有制基础之上，在私有制背景下，市场的基础是产权分明的生产者和消费者，买卖双方都追求利益的最大化，无论是一个微观经济体还是一个国家都是如此。作为国家自身而言，考虑本国利益无可厚非，但如果仅仅考虑本国利益而无视他国利益，甚至以他国利益的损害为代价，从长远来看实际上也还是损害了其自身利益。

气候变暖和环境破坏没有国界，任何国家都不可能独善其身，发达国家只有与发展中国家存异求同、消除分歧、齐心协力，才能在发展智慧能源、应对全球危机的道路上携手同行、高歌猛进，走得更快、更远。

多哈拒绝"傲慢与偏见"

　　2012年在卡塔尔多哈举行的联合国气候变化框架公约第18次会议第一阶段的小组谈判中,美国代表团把本应讨论技术转让等实质问题的宝贵时间搅成了"垃圾时间"。加拿大代表在被问及是否向绿色气候基金注资时,提出"这是谈判大会,不是承诺大会"。日本代表则声称,《京都议定书》约束的国家年碳排放总量只占全球排放总量的26%,以此证明其拒签第二承诺期"合理"。不仅如此,不少发达国家还试图把不合理的减排指标压给中国、印度等发展中国家。

　　在减排承诺上逃避责任,在技术援助上设置障碍,令人感受到部分发达国家的"傲慢与偏见"。说其"傲慢",是因为他们拥有资金、技术、产业方面的优势,并借助这些优势提出超越发展中国家承受能力的要求。说其"偏见",则是因为他们为了找各种理由规避义务,甚至试图转嫁减排压力,让发展中国家"喘不过气"。然而,无论从历史还是从现实看,发达国家都应该"自省其身,以身作则"。

　　其一,讲历史,气候变化主要是发达国家长期排放的温室气体造成的,这已是国际社会的共识。据测算,目前大气中的温室气体约有80%是发达国家的历史排放,人均排放量居前的也主要是发达国家。换言之,发达国家是气候变化的主要施害者,而发展中国家则是主要受害者。但时至今日,施害者以各种理由逃避责任,甚至企图把责任转嫁给受害者。

　　其二,看现实,目前发达国家的人均GDP是发展中国家的数倍乃至数十倍,有的发达国家温室气体排放量仍在增长。发展中国家则面临消除贫困、发展经济、改善民生的艰巨任务,同时因处于国际产业链低端而承接了大量转移排放。碳排放量适当增长是经济发展的规律和必然要求,而发达国家却无视这一现实,要求发展中国家承担超出其能力的责任。

　　其三,论贡献,如果要实现把全球平均气温上升幅度控制在2℃以内,发达国家温室气体排放量到2020年要比1990年减少25%~40%,但目前发达国家的承诺平均只有15%左右,并且能否兑现还是个问号。其中美国仅承诺2020年比2005年减排17%,相当于比1990年减排3%。与之形成鲜明对比的是,在发展和减贫仍是当务之急的情况下,一些发展中国家已经采取了

"具有雄心"的减排行动。例如，中国政府承诺到2020年，单位国内生产总值碳排放比2005年下降40%~45%，这充分显示了其为应对气候变化做艰苦努力的诚意和决心。

在事关全人类未来的重大议题上，发达国家首先应放下"傲慢与偏见"及其背后的私利之心，拿出更大的责任意识和诚意，否则只会扩大分歧，阻碍气候变化谈判进程，而吞下苦果的将是全人类。❶

19.3 智慧能源总动员

智慧能源建设是人类在文明征程上一场新的竞赛，和以往不同，这是一场团体赛，参赛选手是全人类，裁判是大自然。违反规则，我们将全体出局；团结合作，我们才能迎接共同的胜利！

诺贝尔经济学奖得主乔治·亚瑟·阿克洛夫❷曾说过："治理全球变暖不是一个成本收益问题，而是一个道德问题。"智慧能源的发展需要全球的智慧，智慧能源的成果将由全人类共享。我们面对的是共同的困难和希望，大自然的危机不会仁慈地等待我们的争吵推诿，这不是一个谁负责的问题，而是一个谁该负多大责任、该负哪一部分责任、如何负责到底的系列问题。在蒙受了无休止的争辩带来的巨大损失后，我们更应该深刻体会到达成共识、加快行动的紧迫。发达国家必须尽快立足现实、放眼未来，与发展中国家齐心协力、同舟共济。发展中国家也要主动采取行动，发出自己的声音，共同捍卫地球安全。

客观地看，虽然一些发达国家长期寻找各种理由推卸自己的责任，但在发展智慧能源、应对全球危机上确实有着不可磨灭的贡献，并且也正在付出自己的行动与努力。在消耗了大量能源，经受了工业文明带来的种种阵痛后，正是发达国家的许多有识之士较早地从本国发展实际出发，开始反思工业文明的局限性，深刻地认识到发展智慧能源的重要性和必要性，并提出了相应的文明发展方向，孕育了生态文明的先进理念，包括绿色GDP、环境正义原则、生态伦理、环境社会学、可持续发展、循环经济等。目前，这些理念在很大程度上已得到普遍认同，并成为全世界发展所需要共同恪守的原则。世界的主要国际能源组织和机构也离

---

❶ 参见李志晖、杨元勇、陈莹《多哈气候谈判，拒绝"傲慢与偏见"》，新华社，2012年12月3日。

❷ 参见乔治·亚瑟·阿克洛夫（George Arthur Akerlof，1940—），美国经济学家，柏克莱加州大学经济学教授，与迈克尔·斯彭斯、约瑟夫·斯蒂格利茨一起获得了2001年诺贝尔经济学奖。

不开发达国家的运作与努力，如国际能源署等国际能源机构、石油输出国组织等跨国能源合作组织，以及国际绿色环保组织等，都是在发达国家的积极推动下成立的。

发达国家利用其财力和技术优势，通过政府来引导、企业为主体的方式，共同开发了各种智慧能源技术，氢能、可燃冰、太阳能、风能、地热能、海洋能、核能和页岩气等新型环保能源技术都是由发达国家率先研发而成的；与此相对应，发达国家制定和完善了各种制度，限制落后的高耗能、高污染能源形式的使用，制定资源开采标准，配套财政、投资、价格、税收等辅助政策，为智慧能源的制度创新进行了先行尝试。然而，这些仅仅只是铺垫，发达国家还需要切实承担和履行更大的责任，在技术、制度与合作上付出更多的行动与努力。

发展中国家虽然受到技术和制度落后的限制，但在应对全球危机的行动中绝非袖手旁观。在当前减排总量中，发展中国家的贡献已经接近三分之二。发展中国家在全球经济产业链中承担了"高污染、高消耗、高排放"的低端制造环节，即在实际上承担了发达国家的二氧化碳排放和资源消耗转移。尽管如此，中国、印度、巴西、墨西哥等国仍在应对气候变化方面仍不遗余力地积极行动，采取了一系列控制温室气体排放和适应气候变化的政策措施，例如调整经济结构、改善能源结构、提高能源利用效率、发展可再生能源等，并纳入了国家规划。

在未来，发达国家应给予发展中国家更多的技术与资金援助。智慧能源需要创新的技术，而发展中国家在技术创新方面先天不足，发达国家必须提供技术援助，并且应该以无偿为主，不能将之作为便利本国资本和商品输出、谋求在受援国扩大势力和影响的工具；技术援助必须是先进的技术，而不是把淘汰落后的技术转移给发展中国家；要为技术援助提供政策和制度上的便利，消除保护自主知识产权的障碍。在资金援助上，发达国家应该与发展中国家在平等互利的基础上加强经济合作，帮助发展中国家用好管好资金。智慧能源的成果应该是全人类的，发达国家提供技术与资金援助，广大发展中国家智慧能源技术的运用反过来又会为发达国家提供市场和就业机会，实现全球范围内的良性互动循环，推动我们迈向更高级别的生态文明。

智慧能源是人类文明新的曙光，即使尚未光芒四射但也希望无限，我们要保持充分的信心和足够的耐心。开发和使用智慧能源，不仅能够缓解能源危机和压力，而且能够适应人类文明现在和未来发展的需要，更是推动文明进步、加速文明转型的动力。智慧能源的理念一旦深入人心，智慧能源的发展一旦星火燎原，文明前行将动力无穷，绿色地球和生态文明将结合得天衣无缝，环境污染将得以遏制并逐渐成为历史，我们将不再为生存环境的恶化而忧心忡忡，世界各国也将不再为能源短缺和能源安全问题而纷争四起。

全球倡议 ⊕

推动智慧能源普惠世间，是大义所在，大势所趋，人人有责，大国尤其是发达国家责无旁贷。发达国家早已完成工业化和城市化发展进程，掌握先进的技术，具备雄厚的财力，蕴含最强大的引导和带动力，具有推动智慧能源发展的综合优势，这既是沉重的责任，也是光荣的使命，更是无比的信任与希望。

要有针对性，探索创新智慧能源技术。发达国家唯有做好国内智慧能源的开发、推广和应用工作，全人类才有可能共享智慧能源的发展成果。发达国家国智慧能源的发展路径，应该是多元化的，既可以齐头并进，合力攻坚，短时间集中精力攻克技术和制度难关，也可以循序渐进，星罗棋布，最大限度发挥各大国的比较优势，各个击破。

要与时俱进，推动完善智慧能源制度。努力推动智慧能源制度的不懈发展，使之顺应智慧能源技术，乃至促进智慧能源技术的前进。一方面，要在智慧能源的研发、生产、加工、储存、运输、转换、消费、回收和合作的方方面面都制定行之有效、周密完善的制度，为智慧能源的发展保驾护航。另一方面，要促进转变能源生产消费理念，为智慧能源的顺利研发、推广、应用营造良好的社会大环境和制度基础。

要携手并肩，推进智慧能源的国际合作。智慧能源事关重大、事关长远，不是一个国家或一个区域能够以一己之力能够轻易成功的，必须积极有效地推动智慧能源技术和制度的国际交流与合作。发达国家应当充分考虑发展中国家的发展阶段和基本需求，尊重发展中国家诉求，把发展智慧能源、应对气候变化和促进发展中国家发展、提高发展中国家发展内在动力和可持续发展能力紧密结合起来。

时下，危机当头，困境丛生，资源、环境、气候等问题威胁人类生存；未来，曙光初现，任重道远，生态文明呼唤新的能源动力。发达国家应当秉持"和平、发展、合作"的理念，放眼世界、放眼未来，"先天下之忧而忧，后天下之乐而乐"，不再鼠目寸光，互相推诿，更多地承担全球责任，切实拿出符合全球共同利益的方案，以实际行动留给子孙后代一个蔚蓝的天空、肥沃的大地和清澈的河流。我们充分相信和真切希望，在发达国家主导、全球协力下，智慧能源的灿烂阳光一定会遍洒大地，惠及世界上每一个角落。

20 中国责任：理性而担当

20.1 中国的自觉行动

中国作为发展中国家，在改革开放30年以来，逐步进入工业化中后期阶段，消费结构升级和城市化进程加速，经济发展成就令世人瞩目，但也付出了高昂的代价。2003年，中国政府适时提出科学发展观，建设"资源节约型"和"环境友好型"社会，开始了推进智慧能源的自觉行动。

切实开展节能降耗工作。在工业锅炉、热电联产等领域实施十大重点节能工程，开展千家企业节能行动，加强重点能耗企业节能管理，推动能源审计和能效对标活动。在制造技术领域，推广绿色设计技术、节能环保的新型加工工艺、工业产品的绿色拆解与回收再制造技术，促进工业生产过程和产品使用过程中的节能降耗。在建筑节能领域，提高新建建筑强制性节能标准执行率，加快既有建筑节能改造，推动可再生能源在建筑中的规模化应用，对公共机构办公区进行节能改造。实施营运车辆燃料消耗量限值标准和准入制度，开展"车、船、路、港"千家企业低碳交通运输专项行动，大力发展城市公共交通。

大力推进能源清洁利用。加大煤炭洗选加工比例，减少煤炭运输和直接燃烧利用。鼓励利用中煤、泥煤和煤矸石发电。积极推进整体煤气化联合循环、超临界大型循环流化床、超超临界发电机组等清洁发电示范工程建设，提高煤炭清洁发电比例。鼓励开发可工程化应用的催化剂系列产品，在世界上率先实现了煤炭直接液化项目的商业化运行。坚持把水电开发与生态环境保护有机结合，切实做好在建、已建项目环保工作，加强水电环保技术研发应用，制定绿色水电评价标准和评价体系。加强风电开发管理、改善风电与电网的协调性、支持优势风电设备企业发展等措施，为大规模开发利用风电创造了条件。稳步推进太阳能应用产业发展，在内蒙古、甘肃、青海、新疆、西藏等适宜地区，建设太阳能热发电示范工程试点。切实抓好在建核电工程安全管理，确保在役核电机组安全稳定运行。

加强环境保护工作力度。健全污染防治制度和标准体系，加大环境污染控制力度广度。全面清查环境污染状况，清查了污染源和集中式污染治理设施的主要污染物产生量、排放量及污染治理情况。中国将二氧化硫和化学需氧量（COD）两项主要污染物排放量削减10%列为国民经济和社会发展的约束性指标，采取工程减排、结构减排和管理减排等综合措施，大力推进主要污染物总量控制。逐步健全法规，规范危险废物、医疗废物、电子废物等管理。积极推进化学品环境管理立法，严格实施新化学物质和有毒化学品进出口环境管理登记。

有效开展生态保护和修复。按照统筹人与自然和谐发展的方针，推进生态文明建设，大力实施生态保护和建设工程。为了保护生态环境，《全国主体功能区规划》明确提出构建"两屏三带"生态安全战略格局的目标和任务。出台《关于加快林业发展的决定》，确立以生态建设为主的林业发展战略。先后启动实施草原退牧还草、西南岩溶地区草地治理和游牧民定居等草原保护建设工程项目。制定《中国湿地保护行动计划》，为实施湿地保护、管理和可持续利用提供了行动指南。先后发布实施《中国生物多样性保护行动计划》、《中国自然保护区发展规划纲要（1996~2010年）》，以及农业、林业等一批行业规划，采取一系列生物多样性保护行动。初步形成布局较为合理、类型较为齐全、功能比较健全的自然保护区网络，野生动植物迁地保护和种质资源移地保存得到较快发展。生物多样性基础调查、科研和监测能力得到提升，生物安全管理得到加强。

积极应对全球气候变化。根据《联合国气候变化框架公约》和《京都议定书》有关规定，结合可持续发展战略总体要求，逐步健全应对气候变化的体制机制。2006年，首次发布了《气候变化国家评估报告》。2007年，颁布实施了《中国应对气候变化国家方案》，明确应对气候变化的指导思想、主要领域和重点任务。2011年，制定并发布《"十二五"控制温室气体排放工作方案》，对"十二五"控制温室气体排放工作进行了全面部署。2011年，发布《第二次气候变化国家评估报告》。今后，将进一步把应对气候变化纳入经济社会发展规划，并继续采取强有力的措施。一是加强节能、提高能效工作，争取到2020年单位国内生产总值二氧化碳排放比2005年有显著下降。二是大力发展可再生能源和核能，争取到2020年非化石能源占一次能源消费比重达到15%左右。三是大力增加森林碳汇，争取到2020年森林面积比2005年增加4000万公顷，森林蓄积量比2005年增加13亿米^3。四是大力发展绿色经济，积极发展低碳经济和循环经济，研发和

推广气候友好技术。❶

　　不仅中国政府，包括国有企业和民营企业等在内的中国企业也在自觉行动，积极投身智慧能源的发展。中国铝业股份有限公司在"十一五"期间的万元增加值能耗降低26%，氧化铝单位能耗下降了36%，铝材和铜材单位产品综合能耗分别下降23%和33%，化学需氧量排放量下降66.63%。广州迪森热能技术股份有限公司成功研发生物质燃料及其配套的液化、气化技术，代替传统化石燃料，产业化应用于锅炉等工业领域，取得良好的经济效益。生物质燃料具有生态、"零"排放、可再生等特点，社会效益显著。河北新奥能源控股有限公司积极开发泛能机和泛能网技术，通过能源生产、储运、应用与回收循环四环节能量和信息的耦合，对各能量流进行供需转换匹配、梯级利用、时空优化，以达到系统能效最大化，最终输出一种自组织的高度有序的能源。

专栏

科学发展引领智慧能源

　　刚刚闭幕不久的中国共产党第十八次全国代表大会（简称"十八大"），对中国未来发展的重要性不言而喻。其描绘的全面、协调、可持续发展的生态文明与科学发展之路，必将推动中国智慧能源的跨越式发展，主要表现在以下几方面。

　　*拓展新型能源形式。*节约以能源为主的各种资源，是保护生态环境的根本之策。要推动能源生产和消费革命，控制能源消费总量，加强节能降耗，支持节能低碳产业和新能源、可再生能源发展，确保国家能源安全。这对能源资源节约和国家能源安全有着重要作用，对发展新能源、可再生能源等的大力支持与积极扶持，将有效促进智慧能源的快速发展。

　　*推动能源技术进步。*要适应国内外经济形势新变化，加快形成新的经济发展方式，把推动发展的立足点转到提高质量和效益上来，着力激发各类市场主体发展新活力，着力增强创新驱动发展新动力，着力构建现代产业发展新体系，更多依靠现代服务业和战略性新兴产业带动，更多依靠节约资源和循环经济推动。还将信息化作为"新四化"的一项重要内容，要求"坚持走中国特色新型工业化、信息化、城镇化、农业现代化道路，推动信息化和工业化深度融合、工业化和城镇化良性互动、

第六篇　漫漫长路：我们该如何走过

---

❶ 参见胡锦涛在联合国气候变化峰会开幕式上的讲话——《携手应对气候变化挑战》，2009年9月22日。

城镇化和农业现代化相互协调，促进工业化、信息化、城镇化、农业现代化同步发展。"其大力倡导的科技创新和技术进步必将推动智慧能源技术。

促进能源制度创新。要加强能源制度创新，推行约束性生态环境考核指标和经济环境指标，积极开展节能量、碳排放权、排污权、水权交易试点。所谓节能量交易，是指各类用能单位（或政府）在其具体节能目标下，根据目标完成情况而采取的买入或卖出节能量（或能源消费权）的市场交易行为。碳排放权交易即政府机构评估出一定区域内满足环境容量的二氧化碳最大排放量，并将其分割为碳排放权，投放市场交易。排污权交易是指在一定区域内，在污染物排放总量不超过允许排放量的前提下，内部各污染源之间通过货币交换的方式相互调剂排污量。这三项市场化改革试点都属于智慧能源制度的重要内容。可以预见，以这些改革为代表的能源制度创新，将大大促进、丰富和健全智慧能源制度。

20.2 中国的理性应对

中国在积极应对国内外环境的复杂变化和一系列重大挑战的同时，实现了经济平稳较快发展、人民生活显著改善，在控制人口总量、提高人口素质、节约资源和保护环境等方面取得了积极进展。同时，作为一个发展中国家，中国人口众多、生态脆弱、人均资源占有不足，仍有1.22亿贫困人口，资源环境对经济发展的约束增强，区域发展不平衡问题突出，科技创新能力不强，改善民生的任务十分艰巨。困难与希望同在，机遇与挑战并存，中国需要理性对待当前面临的困局和智慧能源带来的发展机遇。

理性应对各种困局的挑战。当前的气候变暖、环境污染、资源短缺、能源纷争等重重困局，与不合理的能源开发使用直接相关。中国是一个拥有众多人口和广阔国土的国家，实现全面现代化不能走单纯依赖传统能源的发展道路，而应该积极推动智慧能源发展，并以此主动促进自身的发展。世界现今的可开采能源已经不可能同时满足中国、印度等国家实现全面工业化所需，中国实现现代化也不能再以污染地球母亲作为昂贵代价，中国只有肩负起为人类社会做出巨大贡献的崇高历史使命，理性应对困局挑战，积极开拓智慧能源，才能解决当今面临的种种矛盾。

应对能源开发和使用造成的种种困局，是全人类要想获得存续与发展不可推卸的共同责任。作为世界大家庭中十分重要的一员，中国理应承担重要责任，这也是中国自身发展的必然要求。然而，中国是全球最大、人口最多的发展中国家，发展很不平衡，必须立足国情与能力，实事求是、理性应对、量力而行，坚守自己的发展底线。全人类、各民族、各国家具有平等的生存权和发展权，中国不仅代表着自己，还代表着广大发展中国家，具有道义责任，该承担的要承担，不该承担的不应承担。

理性对待智慧能源的发展。中国要理性认识智慧能源的重要意义，给予足够的重视，理性对待智慧能源的发展。

（1）发展智慧能源的步伐要适度。中国发展智慧能源不能一窝蜂地搞大干快上，那样反而会带来资源的浪费，并产生安全问题。回顾中国智慧能源道路，我们不难发现其发展迅猛：新型能源产业被列入重点发展的战略性新兴产业领域，并出台了一系列法律、规划和政策予以扶持，截至2011年年底，中国水电、风电、核电、生物质液体燃料等非化石能源生产量占当年一次能源消费总量的8.3%。目前，中国在新型能源发展方面拥有四个全球第一：水电装机容量第一、太阳能热水器利用规模第一、核电在建规模第一、风电装机容量第一。但是，新型能源的过快发展也带来如下两个问题：一是质量安全问题日趋突出，由于风电、光伏等新型能源呈现随机性、间歇性和波动性的特点，新型能源大规模接入电网可能会产生谐波、逆流、网压过高等问题，给电网安全稳定运行带来挑战；二是部分产能过剩，从目前的行业现状来看，部分战略新兴产业，如风电、光伏等，产能过剩情况非常严重。2012年12月召开的中央经济工作会议"治理产能过剩"这一定调将对风电和光伏发展产生一定影响，如何客观看待这些行业的"产能过剩"以及如何治理，是当前的重点问题。

（2）发展智慧能源的维度要适宜。这里所说的维度是指技术路径，即用什么样的方式推进智慧能源技术的发展。智慧能源就其发展方式而言，大致可以分为"开源"和"节流"两种，前者是指开拓新型能源，如推进新型能源技术的创新和新型能源制度的变革等；后者则指传统能源技术的改进，包括节能减排技术与制度等。中国发展智慧能源当然要"开源"和"节流"并举，但在近期要更加重视和强调"节流"，强调节能技术和节能制度的运用：一是因为中国是全球少数几个能源消费以煤炭为主的国家，2011年一次能源生产总量达到31.8亿吨标准煤，居世界第一，而发达国家基本上是以石油和天然气为主的能源消费结构，中国煤炭资源的节约潜力很大；二是因为中国人均能源消费量较低，2011年人均能源消费量为2.59吨标准煤，仅仅达到了世界平均水平，远低于美国、日本、韩国等国家。如果所有中国人按美国人的生活方式使用能源，将耗费巨大的能源资源，因此，中国发展智慧能源，节能在现阶段更有现实意义。

中国减排的权利与义务 🔍

在各国履行二氧化碳减排义务上，西方发达国家一直各怀心思，淡化、回避1997年《京都议定书》所规定的公平性原则及具有广泛国际共识的"共同但有区别的责任"原则，并希望包括中国在内的发展中国家承担较高的、明确的和可验证的减排任务，但其承诺向发展中国家提供的各种技术与资金的支持却迟迟不到位，自己应该履行的减排义务也迟迟不予完全兑现。在2011年11月德班气候峰会上，中国代表团提出，《联合国气候变化框架公约》和《京都议定书》已经是具有法律约束力的国际公约，各方应当遵循并兑现承诺。在达成一个新的全球减排协议前，必须要解决五大问题，这都是国际气候谈判已经确定、应当兑现的内容。

第一，作为人类历史上第一个限制温室气体排放的国际法律文件，《京都议定书》规定的各国减排第一承诺期将于2012年到期，必须迅速形成一份规范各国减排第二承诺期的国际法律协议，确保"本世纪末将气温升高幅度控制在2℃以内"的全球目标。

第二，发达国家兑现300亿美元快速启动资金和2020年之前每年1000亿美元的长期资金，尽快启动绿色气候基金；对减缓和提供资金、技术转让的情况，要建立监督执行机制。

第三，落实适应、技术转让、森林、透明度、能力建设等方面的共识，建立相应的机制。

第四，加快对各国兑现承诺、落实行动情况的评估，确保2015年之前完成科学评估。

第五，要坚持"共同但有区别的责任"原则，依据保护环境的整体性、历史性，确定各国承担与自己发展阶段和水平相适应的责任和义务。

20.3 智慧能源中国梦

智慧能源是加速文明转型升级，满足未来文明发展需求的全新能源，关乎中国提升国家竞争力、建设美丽家园、实现民族复兴梦想的大计。中国在第一次、第二次工业革命中都错失良机。新中国成立以来，特别是改革开放以来，能源产业得到持续飞速发展，为智慧能源的美好未来储备了物质基础、做好了理论准备、积累了宝贵经验，然而瞄准智慧能源光明前景的不只是中国，世界各国已经不约而同地进军智慧能源版图，向新一轮的能源革命发起冲击。在全球经济一体化和社会信息化的大格局中，中国必须不失时机地牢牢把握好智慧能源这一战略机遇，积极加快自身发展，主动融入国际竞争，全力抢占智慧能源制高点，驱动社会经济的全面、健康、可持续发展，助推和引领人类文明阔步向前。

　　掌握了智慧能源，就拥有了主导全球能源的战略能力，就能够优先于其他国家达到全球能源体系的顶端。中国幅员辽阔、人口众多、经济发展迅速、能源需求巨大，迫切需要在能源关键技术和能源制度方面实现重大创新与进步。中国必须依靠自身的巨大市场和科技开发潜力，成为主导全球智慧能源发展的领先国家，在难得一遇的变革中发挥主导作用。智慧能源将推动中国经济结构实现战略性重组，确保实现2020的节能减排目标乃至长远发展，是实现中国能源安全、清洁、高效的可靠保证，是建立领先世界的新型能源结构、体现科技竞争力、建立国际能源新标准和新秩序的保障。

　　中国的智慧能源现今还处于起步和探索阶段，能源所包含智慧元素比重不高，但发展势头良好。眼下的中国，经济社会正处于后工业时期，以传统能源技术为主的格局依然存在，双轨制的市场制度弊端和缺陷较为明显，资源约束、环境污染、生态退化等问题形势严峻。着眼当前，中国要采取短、平、快的方式，突破技术瓶颈、消除制度障碍、解决迫在眉睫的问题。放眼未来，中国智慧能源的发展要从技术和制度两条主线入手，做好顶层设计和战略布局，鼓励科技创新、优化产业组织、倡导节约能源、促进国际合作，有机地搭建起系统、安全、清洁、经济的智慧能源体系。

　　解码智慧能源技术。 发展智慧能源技术，首先要加强传统能源技术的改进，加大力度支持煤炭的高效清洁利用、重油的高效清洁转化、太阳能转化、非常规石油资源的开发利用，以及分布式能源系统、分布式燃气轮机联合循环发电、水力发电、风力发电、燃料电池、氢能、清洁车用燃料等技术的改进研究和推广，确保在可预见时期取得实效，解决当前的突出矛盾，同时为下一阶段的转型升级打下坚实基础。其次要规划新型能源技术的战略蓝图，鼓励科学研究和发明创造，探索开发冷能、太阳风、反物质、地磁、人体能源等技术，推广压缩空气、飞轮等储能技术，超导、无线等传输技术，智能电网、泛能网等综合利用技术，

第六篇　漫漫长路：我们该如何走过

适时启动试点工程，逐步形成生产力。此外，要协同发展云计算、能源卫星、人工智能、纳米、基因、生物遗传、生态环境保护等领域的新型技术，为智慧能源技术提供配套服务。

催生智慧能源制度。智慧能源需要科学有效、体系完善的制度体系作为保障。基于能源产业链，可以把智慧能源制度分为科研制度、生产制度、消费制度三个部分。在科研环节，要鼓励和支持高校、科研机构、企业以及相关组织致力于智慧能源的创新研究；在生产环节，要优化产业结构，及时淘汰落后的高耗能产业，推广应用高效、清洁、低碳的新型技术；在消费环节，引导和鼓励广大消费者崇尚节约、杜绝浪费、珍惜和利用好每一份资源。根据地域范围，可以把智慧能源制度分为国内制度和国际制度。在国内要建立健全智慧能源相关的法律法规、方针政策，确保能源体系相关活动规范有序。在国际上，要进一步加强交流合作、互通有无、互补长短、实现共赢。

中国的智慧能源发展战略，具体可以分三步走：在20年内，将能源结构由以化石能源为主转变为以清洁能源为主，并建立起国际领先的改进性智慧能源技术体系，做好更替性智慧能源技术重点布局，力争有所突破；在50年内，实现更替性智慧能源技术的基本完善和成熟、应用，并逐步成为主导性能源开发利用技术，在国际能源秩序中发挥重要作用；在100年内，智慧能源成为文明发展的主导性力量，全面取代传统能源，成为主导全球智慧能源发展的领先国家，在推动经济社会持续发展的同时，完成向生态文明的转型升级。

华夏家书

人类历史源远流长，宇宙未来浩瀚无边，每个人都只是地球的匆匆过客。我们有幸生长在一个充满思考、探索、变革、创新的伟大时代：每一次太阳升起，都有崭新的希望和目标；每一次夜幕降临，都有宝贵的感悟和收获。夜空中的繁星点点，如诗如画，美轮美奂，仿佛在点拨人类的智慧灵光。

中华文明绵延悠悠万年，华夏儿女历经沧海桑田。炎黄春秋，大禹治水，商周相继，秦统六国，楚汉相争，两汉兴衰，三国争雄，隋唐盛世，两宋繁华，蒙元铁骑，明朝中兴，满清衰落，岁月宛如斗转星移，四季轮转。鸦片战争，八国入侵，倭寇践踏，中华民族惨遭屈辱，饱受苦难。戊戌变法，辛亥革命，北伐战争，八年抗战，解放建国，改革开放，不懈探索，九州抖擞雷霆，剑指民族复兴！

国家兴亡，匹夫有责！曾经独领风骚，繁荣昌盛；曾经国破家亡，历经磨难；曾经迷失方向，错失机遇。往事不堪回首又无法重来，妄自菲薄无出路，妄自尊大不可取。倘若人人从我做起，任何细小的思考和探索，乘以14亿的基数，就是无比伟大的智慧和力量！倘若人人胸怀大志，团结奋进，任何困难和挑战，除以14亿的分母，都是螳臂当车，不足挂齿！每位公民要自觉参与资源节约和环境保护，建言献策、积极行动；每家每户要互相支持、互相帮助，共建和谐美丽社区家园；大小企业要勇挑重担，践行节能减排责任，保护绿水青山；经济建设要科学规划，统筹发展，实现经济与生态协调发展。

世界潮流，浩浩荡荡，顺之者昌，逆之者亡。民族兴衰秉承自然法则，优胜劣汰。历史机遇稍纵即逝，不容重来。智慧能源是中国的机遇，中国也是智慧能源的舞台，中国选择了智慧能源，智慧能源也选择了中国。建成小康社会，建设美丽中国，实现民族复兴，需要智慧能源的强劲驱动。中国的人口基数、经济规模和发展前景，是催生智慧能源的天然孵化器，也是智慧能源的用武之地。在同一个地球上，同一片蓝天下，中国的智慧要和世界智慧激情碰撞，交融汇聚，发光放热；中国的智慧能源要与世界的智慧能源良性互动、互利共赢，合力前进。

雄关漫道真如铁，而今迈步从头越。任何一条通向伟大成功的道路，都是鲜花与荆棘共生。不劳而获，坐享其成，必成梦幻泡影；迎难而上，埋头苦干，方能惠民兴邦。华夏儿女，有铮铮铁骨，有滚烫热情，更有无穷智慧，在执著探索与不懈努力下，中国的智慧能源必将取得长足进步，成为推动中国经济、社会发展与文明升级的不竭动力，中国必将为全世界智慧能源的发展做出卓越贡献，为全人类文明的进步贡献伟大力量。

结束语
携手向前：开创我们的未来

　　我们的未来充满无限未知，拥有无限可能。未来虽然不能确定地预知，但任何一种可能都取决于我们自己的抉择。蹒跚走过的万年行程告示我们，只要不断顺应文明演进的要求，不懈努力、积极探索新的能源形式，必然能够克服重重艰难险阻，收获文明的延续与新生。我们坚信，人类作为宇宙中的智慧生灵，必将凝聚智慧的力量，开创能源与文明的光辉未来！

一、能源奠定我们根本的保障

能源保障是文明演进的根本条件。任何生物要延续生命，都离不开能源，而人类除了生存以外，文明的演进也必须以能源的支撑为根本条件。

人类学会利用能源并推动文明演进是一个无比漫长的过程。摆脱束缚，寻求自身更大的自由，是人类文明的最高追求。在某个灵光一闪，天地惊叹的瞬间，我们不可思议地掌握了火的伟力，这是一种无法言喻的奇妙体验，划开了我们灵智的混沌，迈开了人类探索自然、掌控自然力以摆脱限制、获取自由与解放的起始步伐。

我们用火，摆脱了饥饿的威胁，获得了温饱的保障，获取了繁衍生息的自由，燃烧出了一段采猎文明，但这还远远不够；我们用风力、水力和畜力，摆脱了江河的阻隔，获取了迁徙扩展的自由，吹送出了漫长的农耕文明，这依旧不够；我们用煤、水蒸气驱动的蒸汽机，摆脱了引力的束缚，获取了飞天遁地的自由，推送出了一个工业文明的伟大时代，仍然不够；我们用煤、油、电，编织出了一个信息文明的奇妙当代，摆脱了大气层的阻挡，获取了追星逐月的自由，这也还不够……我们向往更加广阔、更加无限的自由。

从火堆到水车、风车、马车和帆船，再从蒸汽机到内燃机乃至发电机，我们得温饱、涉江河、游寰宇、探星辰——通过一代又一代的智慧积累与技术探索，人类不断转换能源形式，提高能源利用效率，开发和利用新的能源，将文明与自身的自由解放推向了更高层次。没有能源的默默支撑，我们的文明与自由是无源之水，无根之木，只能走向枯竭与萎缩。我们的文明成就日新月异，我们的能源力量改天换地，然而相对于我们的不断延伸的追求仍然远远不够。我们的下一个文明，新一代能源，又将为我们获取怎样的自由与动力？

二、历史告诉我们未来的方向

能源更替是文明演进的客观规律。荀子曰："君子性非异也，善假于物也。"在漫长的历史长河中，人类不断借用着能源的伟大力量，变化和发展能源利用形式，不断提高能源利用效率，降低能源对资源环境的负面影响，因而得以生存和发展，谱写文明演进的辉煌篇章。

一万年前，先祖以钻木取火的智慧，开始了对自然力量的驾驭，这条道路远比将野兽驯化为牲畜，将野生植物"驯化"为粮食蔬菜困难得多，充满坎坷甚至惊心动魄。然而，越是曲折就越能激发出人类的智慧和热情。我们尝试着造出帆船，驾驭桀骜不驯的风，发现一片全新沃土；我们还尝试着造出水车，驾驭流动无形的水，灌溉出肥沃的土地，哺育了世世代代的子孙。

蒸汽机的发明，使生产力水平大大提高，引领人类步入工业文明的新纪元。曾被马可波罗视为"黑色怪物"的煤炭，驱动着呼啸而驰的火车和扬帆远洋的轮船，繁荣了世界各地的贸易往来。内燃机的诞生更是彰显出人类的智慧，被誉为"工业血液"的石油，流淌在地上的汽车、空中的飞机和海底的潜艇中，人类文明大放光彩。电磁感应效应的发现和发电机的问世，拉开了电力时代的序幕，掀起了第二次工业化高潮，从此，科技改变生活。

工业文明极大地丰富了人类财富，也深刻地影响着自然环境。化石能源的燃烧，释放大量温室气体，全球变暖，冰山融化，海平面上升，一些岛国将面临灭顶之灾，深处内陆的国家也饱受工业污染折磨。蓝天白云在城市里几乎已成为一种奢望，一条条泛着恶臭又"色彩斑斓"的小溪围绕着乡村，清澈见底的河水、嬉戏的鱼虾已成为回忆。在"谁控制了石油资源，谁就控制了整个世界"的观念下，战争与石油结下不解之缘，战火连绵，你争我夺，贪婪和霸权将人类工业文明推向万丈深渊。

历史车轮滚滚向前，载着人类从远古采猎文明、古代农耕文明、近代工业文明，驶入现代信息文明。此刻，我们回首过去，能够清晰地看到能源形式的改进和更替始终是文明演进的动力之源。如果没有火的发现和利用，人类今天可能仍然走不出蛮荒时代；如果没有对"自然力量"的驯化，人类今天可能依旧食不果腹；如果没有煤炭、石油和天然气的利用，工业革命可能不过是梦幻泡影；如果没有电能的出现，现代信息文明的繁荣将永远只会停留在科幻作品里。

先祖们铸就了福泽至今的辉煌，也将推动文明继续前行的接力棒托付给了我们。勇敢探索新型能源，给历史车轮注入更加强大的驱动力，是我们必须肩负起的神圣使命。

三、智慧赋予我们伟大的力量

智慧能源是文明演进的必然要求。智慧构筑文明基石，推动能源更替。没有智慧，人类难以异于鸟兽，能源难以改进更替。文明的不同形态对能源形式有着不同的要求，文明程度越高，对能源形式的要求越高，能源所凝结的人类智慧就越多。能源只有不断凝结人类注入的更大的智慧，才能满足人类文明不断发展的要求。我们的文明，从采猎文明、农耕文明、工业文明发展到现今的信息文明，能源形式历经了启智能源、小智能源、中智能源和大智能源四个阶段，未来的生态文明，必将需要超越大智能源的真正智慧能源的强力支撑，这是文明演进的必然要求。生态文明因智慧能源而生，智慧能源为生态文明而动，二者将如啮合的齿轮般带动着人类文明一步一步走向更加光辉的未来。那么，智慧能源又将从何而生？

智慧能源凝结着人类科技创新。科技创新是探索智慧能源的根本动力，也是智慧能源的核心内容。纵观文明发展历史，无数曾被视为"不可能"的设想，都因人类智慧所带动的科技创新而奇迹般地实现，从远古的钻木取火到现代的信息技术，都深刻地打上了人类智慧的印记，这些智慧深刻地改变着世界，推动着文明进步。智慧能源凝结着人类制度变革。如果没有有效的制度，新的能源技术难以得到全面和有效的利用。如果说技术创新是"星星之火"，制度变革则是其得以"燎原"之"势"。智慧的人类在未来必将通过更富智慧的制度安排最大限度地推动人类文明的更高进步。智慧能源凝结着人类合作努力。国际合作是推动智慧能源发展的强大助力，"孤雁难飞，孤掌难鸣"，茫茫宇宙，我们独自生息，孤立无援，唯一的依靠就是人类自己。唯有全人类团结起来，方能在探索智慧能源的道路上携手高歌猛进，寻找解决能源环境和气候变化之困，开拓人类文明的未来之路。

通往智慧能源和未来生态文明的大道铺满鲜花，但也暗含荆棘。例如，生产太阳能电池的重要原料多晶硅的同时，伴随着危险品四氯化硅的产生，所到之处，土壤寸草不生；风力发电机的涡轮，极容易伤到迁徙的候鸟，进而势必影响整个生态链。科学技术存在许多难以突破的瓶颈，制度建设也并非尽善尽美……

正因为荆棘丛生，未来世界才更加散发出神秘的吸引力，驱使我们为探索智慧能源而孜孜不倦地付出努力。让我们索性将荆棘化为杜鹃，我们要到达的明天，是生态文明下的盎然生机，是智慧能源引领下的清洁大地，是科技创新与制度变革带来的满园春色，是国际合作孕育出的碧海蓝天。怀揣这份梦想，我们在迈向未来的旅程中才会愈加坚定和执著，我们的文明才会薪火相传、生生不息，我们因能源而生的世界，才会在历史的更迭交替中找到充满智慧的永续能源动力。

这一万年，先祖给我们留下了太多奇迹与惊叹，太多财富与喜悦，从火到电，能源绵延。感激之余，我们更应该仔细思量，自己又能给后人留下什么馈赠？让我们虔诚顶礼，在先祖的遗产与遗迹之外，开创属于我们这个时代留给子孙后代的能源传奇。自由属于智慧的人类，荣耀属于智慧的能源，我们永远对一个更加美好的未来怀有最殷切的向往。

人类追寻梦想的脚步永不停息！

结束语　携手向前：开创我们的未来

参 考 文 献

[1] 理查德·沃特森. 未来50年大趋势——我们将身处一个怎样的世界. 张庆, 译. 北京: 京华出版社, 2008.

[2] 彼得·乌夫尔. 太阳能电池——从原理到新概念. 北京: 化学工业出版社, 2009.

[3] 威廉·恩道尔. 石油战争. 北京: 知识产权出版社, 2008.

[4] 鲁格·凡·森特恩, 等. 2030——技术改变世界. 刘静焱, 等译. 北京: 中国商业出版社, 2011.

[5] 阿尔弗雷德·克劳士比. 人类能源史——危机与希望. 北京: 中国青年出版社, 2009.

[6] 芭芭拉·弗里兹. 煤的历史. 北京: 中信出版社, 2005.

[7] 比尔·布莱森. 万物简史. 严维明, 等译. 北京: 接力出版社, 2005.

[8] 伯顿·里克特. 拨开云雾——诺贝尔奖获得者告诉你能源未来和气候真相. 阎志敏, 译. 北京: 石油工业出版社, 2011.

[9] 丹尼尔·波特金, 等, 大国能源的未来. 草沐, 译. 北京: 电子工业出版社, 2012.

[10] 房龙. 人类文明的开端. 王玉强, 等译. 南京: 江苏文艺出版社, 2012.

[11] 弗雷德·克鲁普, 等. 决战新能源. 陈茂云, 等译. 北京: 东方出版社, 2010.

[12] 霍华德·格尔勒. 能源革命——通向可持续未来的政策. 北京: 中国环境科学出版社, 2006.

[13] 杰里米·理夫金. 第三次工业革命——新经济模式如何改变世界. 张体伟, 等译. 北京: 中信出版社, 2012.

[14] 克里斯·安德森. 创客——新工业革命. 萧潇, 译. 北京: 中信出版社, 2012.

[15] 梅洛西·马丁. 废弃物. 北京: 外语教学与研究出版社, 2004.

[16] 帕克. 能源百科全书. 程惠尔, 等译. 北京: 科学出版社, 1992.

[17] 帕特里克·麦卡利. 清洁发展机制不足取. 英国卫报新闻传媒有限公司, 2008.

[18] 斯科特 L.蒙哥马利. 全球能源大趋势. 宋阳, 等译. 北京: 机械工业出版社, 2012.

[19] 斯塔夫理·阿诺斯. 全球通史. 北京: 北京大学出版社, 2006.

[20] 扎克·林奇. 第四次革命——看神经科技如何改变我们的未来. 暴永宁, 译. 北京: 科学出版社, 2011.

[21] Trevor M.Letcher. 未来能源——对我们地球更佳、可持续的和无污染的方案. 潘庭龙, 译. 北京: 机械工业出版社, 2011.

[22] 菲尔·奥基夫, 等. 能源的未来: 低碳转型路线图. 阎志敏, 等译. 北京: 石油工业出版社, 2011.

[23] 尼尔·佛格森. 文明. 曾贤明, 等译. 北京: 中信出版社, 2012.

[24] 《能源百科全书》编辑委员会. 能源百科全书. 北京: 中国大百科出版社, 1997.

[25] 中共中央马克思恩格斯列宁斯大林著作编译局. 马克思恩格斯选集. 3卷. 北京: 人民出版社, 1995.

[26] 曹荣湘. 全球大变暖——气候经济、政治与伦理. 北京: 社会科学文献出版社, 2010.

[27] 程大章. 智慧城市顶层设计导论. 北京: 科学出版社, 2012.

[28] 国际能源署. 能源技术展望. 北京: 清华大学出版社, 2009.

[29] 国家自然科学基金委员会, 中国科学院. 能源科学——未来10年中国科学发展战略. 北京: 科学出版社, 2012.

[30] 江畅. 自主与和谐. 武汉: 武汉大学出版社, 2012.

[31] 金灿荣, 等. 大国的责任. 北京: 中国人民大学出版社, 2011.

[32] 靳晓明. 中国新能源发展报告. 武汉: 华中科技大学出版社, 2011.

[33] 李传统. 新能源与可再生能源技术. 南京: 东南大学出版社, 2005.

[34] 李啸虎, 等. 力量——改变人类文明的50大科学定理. 上海: 上海文化出版社, 2005.

[35] 栗宝卿. 促进可再生能源发展的财税政策研究. 北京: 中国税务出版社, 2010.

[36] 林伯强, 等. 能源金融. 北京: 清华大学出版社, 2011.

[37] 刘建平. 通向更高的文明——水电资源开发多维透视. 北京: 人民出版社, 2008.

[38] 刘振亚. 智能电网技术. 北京: 中国电力出版社, 2010.

[39] 齐晔. 中国低碳发展报告（2011~2012）——回顾"十一五", 展望"十二五".

参考文献

北京：社会科学文献出版社，2011.

[40] 气候变化科技政策课题组. 主要发达国家及国际组织气候变化科技政策概览.
北京：科学技术文献出版社，2012.

[41] 钱伯章. 新能源汽车与新型蓄能电池及热电转换技术. 北京：科学出版社，
2010.

[42] 唐风. 能源新战争. 北京：中国商业出版社，2008.

[43] 涂子沛. 大数据. 桂林：广西师范大学出版社，2012.

[44] 王革华. 新能源概论. 北京：化学工业出版社，2006.

[45] 王毅，等. 智慧能源. 北京：清华大学出版社，2012.

[46] 吴国盛. 科学的历程. 2版. 北京：北京大学出版社，2002.

[47] 邢运民，等. 现代能源与发电技术. 西安：西安电子科技大学出版社，2007.

[48] 张国宝. 中国能源发展报告（2009）. 北京：经济科学出版社，2009.

[49] 张宁，等. 能源与大国博弈. 长春：长春出版社，2009.

[50] 赵致真. 造物记. 北京：北京大学出版社，2010.

[51] 中国电信智慧城市研究组. 智慧城市之路——科学治理与城市个性. 北京：电
子工业出版社，2012.

[52] 中国科学院能源领域战略研究组. 中国至2050年能源科技发展路线图. 北京：
科学出版社，2012.

[53] 中国现代国际关系研究院. 全球能源大棋局. 北京：时事出版社，2005.

[54] 朱钟万. 人类的未来. 沈阳：辽宁科学技术出版社，2010.

[55] Amory Lovins. Reinventing Fire. Chelsea Green Publishing, 2011.

[56] Intergovernmental Panel on Climate Change (IPCC). Special Report on
Emissions Scenarios. IPCC, Geneva, 2001.

[57] International Energy Agency. Energy technology perspectives: Scenarios &
Strategies to 2050, OECD/IEA.

[58] Martin, N., et al . Emerging Energy-Efficient Industrial Technologies,
Lawrence Berkeley National Laboratory/American Council for an Energy-
Efficient Economy. Report No.LBNL-46990, Berkeley, CA/Washington, DC,
2000.

[59] Organization for Economic Co-operation and Development / International
Energy Agency (OECD/IEA) . Creating Markets for Energy Technologies,
OECD/IEA, Pairs, 2003.

[60] REN21 Renewable Energy Policy Network. Renewable 2005: Global Status Report, Worldwatch Institute, Washington, DC, 2005.

[61] United Nations Economic Commission for Europe (UNECE). Annual Bulletin of Housing and Building Statistics for Europe and North America, Dwellings by period of Construction, UNECE, Geneva, www.unece.org, 2000.

[62] United States Environmental Protection Agency (EPA). Air Emissions Trends, EPA, Washington, DC, http://www.epa.gov/airtrends/2005/econn-emissions.html.

193

参考文献

后　记

　　本书的"我们",是包括各位读者在内的全体地球人,而此处的"我们"是三个人:分别出生于20世纪60年代、70年代、80年代的刘建平、陈少强、刘涛。我们有着不同的人生经历和体验、不同的专业背景和职业,却有着对现实的共同关注,对未来的共同思考。

　　60年代的我(刘建平),生长在扬子江畔、洞庭湖滨的江南农村。儿时的记忆依然清晰唯美,春有嫩草萋萋、野花烂漫,夏可江湖戏水、垂钓采莲,秋有瓜果累累、落叶片片,冬有寒风飕飕、雪地冰天。成年后,这些片段经常成为梦中的画境,偶有难得的闲暇去寻找和对照梦中景物,心生对时空变化的无限感叹:40多年前,往返20千米外的县城需要一整天,而今往返1000多千米外的京城也只要同样的时间。40多年前,与亲朋联系大多通过信件,一般需要十天半月,而今千里万里之外的人们也可以随时互致问候。这是我和我们同时代的人们都能感受到、享受着的发展带来的进步和舒适。尽管有如此多快乐和幸福的体验,却还是时常有些难以名状的不安和忧虑。城市马路变宽了、楼房砌高了、车流成河了、生活优裕了……但空气变糟了、河湖污染了、资源紧张了、诚信稀贵了……同样社会制度下的人们,必然会有同样的行为方式。作为独立个体的我,若不是人到中年,经历差异迥然的社会角色,同样来不及思考、也不会思考本书所涉及的问题。

　　70年代的我(陈少强),出生于湖北孝感,家乡以麻糖和孝道闻名。与父辈不同,儿时没有挨饿,但生活条件也较为艰苦。长大成人的过程中,所处环境不断变化:从农村到城市,从国内到国外,接触到最多的词汇是"双轨制"。生活中感受变化最明显的是"快":一座座高楼大厦拔地而起,冰箱、电视机、手机从奢侈品迅速变为大众消费品,……现在我每天都需要网络,自行车仍是我最钟爱的交通工具。

　　80年代的我(刘涛),出生于长江中下游沿岸的农家,喜爱色彩明丽的田园风光、古朴淳厚的乡村民俗。可惜这些都只能存留在模糊的记忆里了:那条小时常去抓蝌蚪的小河早已干涸，那片金灿灿的油菜地已工厂林立，儿时的伙伴也纷纷进城成家立业……算是缘分吧，遇刘陈二君，志同道合，竟成本书作者之一。

我们曾共同完成一些产业经济、区域发展、财税政策之类的课题，随着工作岗位的调整、专业领域的延伸，逐渐开始涉及生态环境、能源资源、体制机制相关的问题。在研究这些问题的过程中，我们都明显感受到各自专业领域的限制和综合知识的缺乏，而过去正是基于对所从事领域的自信而引发"专业自负"，影响了对其他专业领域的忽视或不敬，故近年来越来越倾向于反思自己工作中的对错利害。

2005年11月，国家主席胡锦涛在韩国釜山亚太经合组织工商领导人峰会上的演讲有一句话令人印象深刻："纵观人类社会发展的历史，人类文明的每一次重大进步都伴随着能源的改进和更替。"我们曾想就此问题展开研究，但囿于时间精力、水平，一直未敢妄动。直到2009年底，本着学习提高、挑战自我的态度，我们选定了三个人、也是很多人都关注的文明与能源这一课题。

三年多来，由于没有课题立项、没有经费支持，加上各自都有忙碌的日常工作和不断的生活琐事，本书写作时断时续。其中更有难言的苦衷，因为随着写作的深入，有太多专业需要跨越、太多知识需要学习，大大超出了我们三个人知识和能力的范围。但我们最终没有放弃，在不断学习的同时，不断调整大纲，甚至将书名也改为"智慧能源——我们这一万年"，但主题和主线始终没有改变，即文明演进与能源更替。如此确定书名主要考虑这一万年基本上囊括人类所有文明形态，足够观察和思考文明演进与能源更替的全部过程及其规律。

面对能源与环境、科技与伦理、历史与未来这样的宏大问题，我们尽可能将漫长的历史浓缩，把专业的语言表达得通俗，为深奥的科技装裱上图画，让严肃的思考融入些轻松。尽管完成得十分努力、十分认真，我们十分清楚，一些观点只是一家之言，很多问题还需要继续探讨。无论市场经济的大潮如何汹涌澎湃，我们只是期望，作为现实人类约70亿人口当中的三个个体，能够表达我们的关注、我们的思考、我们的责任。我们更相信，在疾步行走的过程中，总会有人给予不同程度的关注，驻足回望我们曾经走过的历史、遥想我们即将去往的未来，绝不会只有我们这微量的三个个体。

我们没有放弃本书写作，还有一个重要的原因，那就是有来自各方的鼓励和支持。首先有原国家电监会的领导和同事们：严谨宽厚的王强的包容与认可是本书得以最后完成的保障，虚怀博学的孙耀唯是一直能提出宝贵建议的良师，执著犀利的杨名舟对本书给予了中肯的褒贬，文体全能的吴疆认真列出了一串我们想

195

后记

要的书名，理工出身的任立新总是能帮助找到贴切的词句。国家发展改革委应对气候变化司蒋兆理，国家能源局李福龙、何勇健等领导和专家给予了热心指导。中国科学院城市环境所赵景柱、吴钢两位研究员及郑贤操、熊祥福、江汇、李春明四位博士贡献了很多智慧。国家电网公司徐鸿、谭真勇博士，河北省电力公司总会计师朱晋平，陕西地方电力集团总裁戚晓耀，中国电力投资集团总工程师袁德，中国华电集团电力科学院院长应光伟，新奥集团研究员郏斌博士，华北电力大学电力信息技术工程中心主任吴克河，经济日报瞿长福等诸多友人给予了难得的帮助。中国华能集团南方公司吴少杰、湖北考试院杨健、清华大学信息科学技术学院谭天为本书写作做了大量基础工作。本书还参考、引用了国内外许多研究成果，正是这些专家们的智慧结晶为我们提供了写作基础。在此，谨向上述提及和未提及的领导、专家、亲朋由衷致谢。同时，书中部分文献资料、图片的标注如有疏漏，我们深表歉意并恳望指正。

需要特别致谢的是，第九、十届全国人民代表大会常务委员会副委员长成思危为本书作序，国家能源局总工程师杨昆为本书审查初稿。

作者

2013年4月于北京